航天器内带电三维仿真及外露介质充电模拟技术

Technique of Three Dimensional Simulation of Spacecraft Internal Charging and Exposed Dielectric Charging

原青云　张希军　孙永卫　王　松　编著

国防工業出版社

·北京·

内容简介

本书全面系统地介绍了航天器内带电三维仿真及外露介质充电模拟技术，主要包括航天器内带电的相关物理概念、航天器内带电机理分析和三维仿真方法、内带电仿真的实验验证、温度和特殊结构等因素对航天器内带电的影响、航天器外露介质充电模型、典型外露介质充电仿真与防护设计应用等内容。

本书可供航天器充放电效应研究领域工程师和研究人员参考，也可作为高校相关专业本科生和研究生的教材或参考书。

图书在版编目(CIP)数据

航天器内带电三维仿真及外露介质充电模拟技术/原青云等编著. —北京:国防工业出版社,2023.5

ISBN 978-7-118-12701-0

Ⅰ.①航… Ⅱ.①原… Ⅲ.①航天器-带电测量-研究 Ⅳ.①V47

中国国家版本馆 CIP 数据核字(2023)第 025347 号

※

国防工業出版社出版发行

(北京市海淀区紫竹院南路 23 号 邮政编码 100048)

北京虎彩文化传播有限公司印刷

新华书店经售

*

开本 710×1000 1/16 **插页** 4 **印张** 9½ **字数** 163 千字

2023 年 5 月第 1 版第 1 次印刷 **印数** 1—1000 册 **定价** 89.00 元

国防书店:(010)88540777 书店传真:(010)88540776

发行业务:(010)88540717 发行传真:(010)88540762

前　言

航天器在轨充电事件和地面模拟试验均表明，内带电是导致航天器故障或损毁的重要原因。发生严重内带电的区域位于地球中高轨道空间，而我国许多通信和导航系统的航天器都运行于高轨（如地球同步轨道）和中轨，虽然我国已经制定了内带电防护规范，但是从近几年出现的航天器事故来看，内带电仍对航天器安全运行构成重大威胁。随着半导体工艺不断改进，小型化、微型化的发展趋势使得元器件在静电放电问题上显得更加不堪一击；同时，由于航天器电推进技术的快速发展，使得高轨航天器在到达预定轨道之前会遭受更长时间的地球辐射带高能电子辐射，这进一步加大了内带电风险。

目前，我国正大力发展长寿命、高可靠性航天器，部署空间站和实施火星探测计划。为进一步提高航天器发射市场的国际竞争力，静电安全和可靠性需要进一步提升。因此，研究航天器带电规律与防护方法，保障航天器的高可靠性、长寿命运行，对我国航天事业的长期发展具有重要意义。

建模仿真是航天器带电研究的重要途径和方法，特别是对于航天器介质内带电而言，建模仿真的意义更大：一方面，由于高能电子辐射环境不易实现，导致内带电的地面模拟试验比表面带电更难开展；另一方面，内带电建模研究起步晚，且涉及的充电机理复杂，在仿真方面远没有达到表面带电仿真软件的成熟度水平。于是研究人员通常采用计算机仿真与地面模拟试验相结合的方法，侧重研究内带电建模仿真，以得到贴近实际的仿真结果。针对空间环境的特殊性，开展多因素作用下（如等离子体、高能电子辐射和低温）的航天器带电评估，是当前的研究热点之一。根据航天器带电机理，仿真分析多因素作用下的航天器介质带电过程，可为带电评估和防护设计提供有力支撑。

目前，随着航天器工作电压和功率需求的提高，高工作电压和高能电子发生耦合作用，对高压太阳电池阵、驱动机构、大功率电缆等大功率部件产生更大的威胁。当前，航天器内带电的数值仿真主要关注一维特性或简单结构，对复杂部件带电三维模拟研究较少，无法满足大功率部件的工程需求。尽管近年来国内出版了一些航天领域的书籍，或多或少涉及了航天器内带电效应的相关内容，但是还没有一本论述航天器内带电三维仿真及外露介质充电模拟技术的专业书籍。

本书结合研究团队多年来在航天器内带电三维仿真及外露介质充电模拟技术

方面的研究成果，集航天器内带电效应的基础理论和相关最新研究成果于一体，希望为研究人员提供参考，同时也为高校师生服务。

本书是在国防科工局稳定支持项目（项目编号：JCKYS2020DC3）、国家自然科学基金项目（项目编号：51577190）的资助下完成的。

全书由原青云提出编著纲目，第 1 章由孙永卫撰写，第 2 ~ 4 章由原青云撰写，第 5 章由张希军撰写，第 6、7 章由王松撰写，附录由孙永卫撰写。

限于作者水平，书中难免出现错误和疏漏，敬请读者批评指正。

作者

2022 年 10 月于石家庄

目　录

第1章　绪　论

1.1　研究背景及需求

在信息化战争中，卫星、载人飞船和国际空间站等航天器，能够发挥情报侦察、指挥通信和导航定位等重要作用，是毋庸置疑的大国重器。不管是在增强军事实力方面，还是在推动国民经济发展和提高人民生活水平上，航天器都发挥着不可替代的作用。然而，航天器在轨运行面临着特殊复杂的空间环境，这会严重威胁航天器的安全运行。

2013 年 9 月，在北京召开的以“空间环境与物质相互作用的关键科学问题”为主题的香山科学会议上，与会专家明确指出：“我国航天技术已跨越实验阶段，进入了全面应用的崭新阶段，对卫星寿命、可靠性和设计精度等提出了更高的要求，给卫星充放电效应评价和防护带来了许多技术难题，亟须系统开展卫星充放电效应的研究，为解决工程问题奠定理论和技术基础。”这表明航天器充放电效应与防护研究的重要性与紧迫性。目前，我国更加重视新型军用卫星装备的发展和航天重大工程项目的实施，如“北斗”导航卫星和“高分”系列卫星。针对当前存在的充放电问题，展开深入探索研究，迫在眉睫。

1.1.1　空间环境效应与航天器充放电问题

对航天器安全运行造成重要影响的空间环境因素，包括太阳质子事件、磁层暴、原子氧、地球辐射带高能带电粒子、南大西洋磁异常区和等离子体等。它们可造成总剂量效应、单粒子效应、原子氧剥蚀效应和航天器表面充放电与内带电效应等多种具有显著威胁的空间环境效应。美国空军研究实验室的 H. C. Koons 调查统计结果表明：造成 1973 年至 1997 年的在轨航天器故障因素中，静电放电所占比例高达 54%；到 2009 年，充放电效应和单粒子效应造成的故障率高达 70%。

航天器充放电可归结为静电起电放电问题，但在空间环境下具有特殊的表现形式，例如相对于地面环境，航天器上缺乏有效的接地条件，这给防护设计带来许多困难。从物理机制上讲，航天器充电是指外部环境（等离子体或高能电子辐射）造成的航天器或相关部件积累电荷的过程。从距离地球表面大约 300km 直到地球同步轨道约 36000km 的高度范围内，不同轨道航天器的充电表现形式是不同的，带电环境因素不仅有空间等离子体，还有地球辐射带的高能带电粒子。航天器带电可分为表面带电与深层带电：导体和绝缘介质都可能发生表面带电；而深层带电只能是绝缘介质。根据作用对象及表现形式，表面充电包括航天器悬浮电位（相对于空间等离子体）和表面不等量带电，其中不等量带电存在于不同结构或材料之间。对于表面充电，通常只考虑能量不超过100keV的等离子体，例如100keV的电子在聚酰亚胺中的入射深度约为70μm；而对于深层充电，关注的是地球辐射带的高能带电粒子。总体来讲：低轨道航天器通常只考虑表面充电，且充电电位较低；而中高轨道航天器不仅面临较高电位的表面充电威胁，而且容易遭遇高能电子导致的介质深层充放电事故。

表面带电造成的放电具有能量高（达到毫焦量级）和伴随产生静电放电电磁脉冲的特点，对航天器蒙皮隔热材料和太阳能电池板带来严重危害。研究者在表面二次电子发射系数、航天器尾迹对充电的影响、表面电位控制和地面模拟试验等方面对表面充电及防护开展了诸多有意义的探索。相对于表面充电，造成深层充电的电流密度较低，对应的放电能量也较小，但是内带电往往发生在航天器核心电子部件附近，所以内带电放电依然会造成十分严重的后果。

1.1.2 航天器内带电及外露介质充电

地球辐射带高能带电粒子来源于地磁场俘获的太阳风粒子。辐射带纬度范围为南北40°～50°；高度范围分为两段，内带为1500～5000km，外带为13000～20000km。内带主要由质子组成，外带主要由电子组成。10MeV能量范围内，同等能量的电子入射深度远大于质子；在1～5MeV能量范围内，铝材料中的电子入射深度高于质子将近两个数量级。因此，高轨航天器介质深层充电主要考虑高能电子的影响。

通常认为内带电（internal charging）与介质深层充电（deep dielectric charging）是同一种现象，都是发生在绝缘介质材料中（电导率典型值为10^{-13}～10^{-17}S/m）。本书中航天器内带电特指高能带电粒子穿透蒙皮之后在介质中造成的深层充电。除介质薄膜外，航天器上几乎所有绝缘介质结构都面临深层充电风险，例如电缆绝缘层、电路板和某些特殊功能组件。特别是太阳电池阵驱动机构（solar array drive mechanism，SADM）中的介质盘环，它的尺寸较大且结构复杂，虽然存在一定的屏蔽结构，但仍面临较大的内带电威胁。航天器内带电示意图如图1－1所示，高能电子穿透航天器蒙皮（屏蔽层）后，继续朝航天器内部绝缘介质入射，造成介质深层充电；与此同时，透射电子可在内部孤立导体上沉积，并导致孤立导体带电。内带电导致的介质击穿放电现象如图1－2所示，击穿放电始于某个关键的充电点，随后发展蔓延到整块介质击穿。图1－1中以航天器内电路板为例，存在的放电风险主要是电路板或孤立导体充电后可能对邻近铜箔发生放电。对于孤立导体，在航天器设计和生产环节可以尽量避免;而绝缘介质具有数量多和结构复杂等特点,其深层充电面临许多不可控因素,在防护环节仍存在很大挑战。已有的内带电致卫星失效案例不胜枚举。如图 1-3 所示,美国国防通信卫星 DSCS-Ⅱ由于静电放电导致通信系统电源故障,最终卫星失效。另外,英国 DRA-δ 航天器、加拿大的 ANIK E1 与 ANIK E2 通信卫星和我国的 TC-1 与 TC-2 卫星等都遭遇了内带电引发的严重故障。

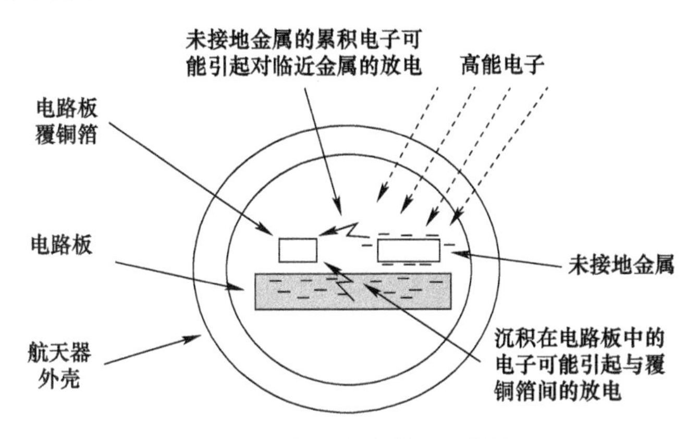

图 1-1 航天器内带电示意图

图 1-2 介质击穿放电现象

除了图 1-1 所示的航天器内带电情况,航天器上还存在许多外露介质结构,它们位于航天器蒙皮之外,不仅受到高能电子辐射,还与其附近等离子体存在相互作用。许多科学探测仪器和设备正是位于卫星蒙皮之外,它们一般附在外露介质结构上,其测试精度和工作状态会受到外露介质充放电的严重干扰。第一,高电位干扰航天器的空间探测仪器的正常读数;第二,静电放电改变材料原有物理性质,例如温控或绝缘功能下降甚至完全丧失;第三,放电伴随产生电磁脉冲,可通过耦

图 1-3　DSCS-Ⅱ卫星由于静电放电导致的失效

合干扰造成难以预估的破坏。此外,外露介质带电对航天员出舱活动也会带来一定干扰。因此,正确评估外露介质带电是当前多因素作用下航天器带电研究所面临的一项新挑战。

1.2 国内外研究动态

1.2.1 航天器内带电的在轨探测、效应实验和数值模拟

航天器充放电问题研究历程如图 1-4 所示。以 Langmuir 探针式孤立结构充电研究为代表,航天器充电研究的雏形可以追溯到 20 世纪 20 年代。到 1957 年第一颗人造地球卫星发射前后,火箭上的仪器首次证实了航天器会产生充电现象,并探讨了能够考虑二次电子发射的表面充电简单模型。随后几十年间,为了深入研究航天器充电现象,进行过多次在轨实验。其中,高空充电实验卫星(spacecraft charging at high altitudes, SCATHA)和化学释放和辐射综合效应实验卫星(combined release & radiation effect satellite, CRRES)最具代表性。1979 年 3 月,SCATHA 发射升空,探测到高轨卫星遭遇的表面严重充电事件,并发现介质深层充放电迹象,但此时对于深层充电的研究并未提上日程,在轨实验没能发现深层充电的有力证据。直到 1990 年 7 月,专门探测航天器内带电的 CRRES 发射升空,在其运行的将近 14 个月时间内,监测到近 4300 次静电放电脉冲和 674 次故障,通过分析故障序列和高能电子通量的对应关系,明确指出内带电是导致故障的主要原因,由此拉开了航天器内带电研究序幕。由 CRRES 和 ANIK E1、ANIK E2 提供的在轨实测数据均表明,卫星故障与高能电子(大于 300keV)通量出现的趋势高度吻合。航天器内带电问题已经得到广泛关注和研究,在充电规律与充电风险评估方面,主要是通过地面模拟效应试验和计算机仿真实现的。航天器充放电在轨实验的最直

接目的是确定存在内带电现象。然而,因为在轨实验周期长、可操作性差,真正研究内带电或介质深层充电规律,还得借助地面模拟试验和数值仿真。地面模拟试验属于效应试验,虽然不能完全复现空间充电环境,但可以得到相同的带电和放电效应。例如,采用高能电子加速器产生高能电子辐射环境,被辐射的介质结构便出现深层充放电效应。深层充电所需电子能量达到兆电子伏量级,远大于表面充电所需的电子能量,因此,从实验条件来讲,开展深层充电实验较表面充电更难。

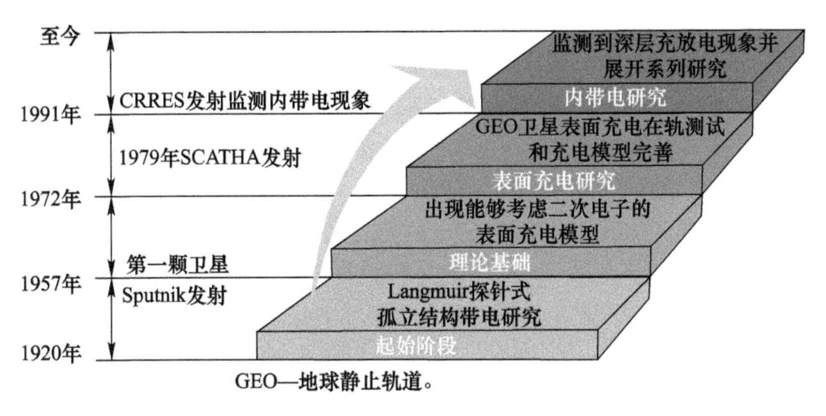

图 1-4 航天器充放电问题研究历程

通常采用电子加速器或电子放射源来模拟高能电子辐射环境。英国 QinetiQ 公司研制了用于介质深层充电的现实电气环境设施(realistic electric environment facility,REEF),它采用了^{90}Sr 源,可提供最高能量达 2.28MeV 的连续电子谱。2009 年前后,美国犹他州立大学 J. R. Dennison 教授利用电子加速器(位于爱达荷州的波卡特洛,可产生最高 4MeV 电子能量)对多种航天器典型介质材料的辐射诱导电导率开展了一系列研究,在接近空间实际辐射强度的较低辐射剂量率(0.01 ~ 10rad/s)情况下,重点研究了温度对辐射诱导电导率的影响。其结果表明:当温度超过 250K 时,辐射诱导电导率的指数公式中的拟合系数随温度变化显著;而 250K 以下时,拟合系数几乎与温度无关。在国内,北京大学地球与物理系、中国科学院空间科学与应用研究中心和中国空间技术研究院兰州物理研究所都开展过航天器内带电地面模拟实验。其中,中国科学院空间科学与应用研究中心采用^{90}Sr 放射源建立了介质深层带电实验装置,产生的电子能谱近似于地球同步轨道恶劣充电环境下的电子能谱,利用该装置进行了 SADM 介质盘环的深层充电实验,测试得到了盘环表面充电电位。兰州物理研究所利用电子加速器建立了星用材料辐射效应实验室,可提供高达 2MeV 的高能电子辐射环境。

由于真实充电环境难以在地面复现,而在轨实验可行性不高,因此仿真在这方面具有重要作用。仿真的优势在于可以排除地面模拟实验的不可控因素和实现多因素作用下的充电分析,有利于总结充电规律。虽然已经存在多款航天器充电模拟的知名软件,可分析低轨道、高轨道和极轨道航天器充电现象,如美国国家航空航天局(NASA)开发的航天器表面充电三维仿真软件 NASCAP(NASA charging analyzer program),欧洲航天局(ESA)的代表作 SPIS(spacecraft plasma interaction software)和日本的 MUSCAT(multi - utility spacecraft charging analysis tool),但是它们都是侧重于航天器表面充电现象,而对于航天器内带电问题,相关仿真工具发展滞后。最早的内带电仿真工具是著名学者 A. R. Frederickson 给出的 NUMerical InTegration(NUMIT),另一款较出名的仿真工具为欧洲航天局的 DICTAT(dielectric internal charge threat analysis tool),但二者都是针对平板或圆柱等简单几何结构,且涉及电荷输运模拟部分均采用经验拟合公式。北京大学焦维新和中国科学院空间科学与应用研究中心韩建伟等研究人员在内带电仿真评估方面做出了许多有意义的探索。黄建国等给出平板和圆柱结构的内带电一维模型,分析了介质厚度和接地方式对充电的最大电场强度的影响。西安交通大学电力设备与电气绝缘实验室尝试对介质材料进行掺杂改性,发现当内电场高于某个阈值后,电导率非线性增大有利于及时泄放电荷,从而避免严重的内带电事件。

在表面充电中,利用三维仿真可以探讨太阳电池阵处电位势垒空间分布对充电的影响,对于内带电评估,三维仿真同样具有不可替代的作用。尽管多年来已经进行了不少模拟实验和计算机仿真研究,但远没有实现内带电的准确评估和预测,这是因为地面模拟和仿真计算并不能充分考虑空间多因素的作用,如空间温度作用和部件本身三维结构对放电的影响等。1970 年前后,研究者基于 NASCAP 构建了一种三维仿真模型,用于动态仿真涂覆介质薄层的导体结构的充电过程,但仅针对介质薄层结构。真正的内带电二维或三维仿真是在近几年才出现的,主要得益于电荷输运模拟软件 Geant 4 在航天器内带电中的应用。国外研究者尝试用 SPIS 进行内带电三维仿真,但缺乏技术方案和结果分析;Katz 和 Kim 利用有限差分算法开发出一个三维计算工具,用来仿真暴露在木星辐射带的电路板及其未接地金属走线的充电情况,结果表明,三维仿真得到的充电电位要显著大于一维情况的电位。兰州物理研究所秦晓刚等研究了用于介质深层充电数值模拟的 Geant 4 - RIC 仿真方案,其采用的辐射诱导电导率(radiation induced conductivity,RIC)模型的控制方程是三元偏微分方程组。中国科学院空间科学与应用研究中心报道了关于介质深层充电的二维仿真结果,但是由于更多关注的是电位分布结果,并没有针对电场分布特征进行深入研究。北京卫星环境工程研究所易忠等基于 Geant 4 开发出卫星内带电评估工具(assessment tool of internal charging for satellite,ATICS),来分析三维介质结构的电荷输运问题。本书在此基础上发展了相关仿真计算方法。总之,一维仿真终究只是得到内带电一般规律,例如不同屏蔽厚度或者接地方式(正面接地、背面接地或者双面接地)对充电结果的影响,却不能考虑复杂的几何结构,从而容易忽视非规则接地条件下充电最严重的关键点；而已有的三维仿真没能合理评估局部特殊结构的充电水平，缺乏对局部电场畸变特征的探索研究。

1.2.2 温度和特殊结构对航天器内带电的影响

温度通过影响介质电导率，对航天器内带电产生显著影响。毋庸置疑，电导率是决定内带电结果的关键参数，介质电导率越大，那么内部沉积电荷越容易泄放，内带电严重程度越低。温度是制约电导率的敏感参数，常温范围内温度变化30℃就会引起航天器带电典型介质本征电导率呈数量级的变化，温度越高，本征电导率越大。内带电的时间常数与介质电导率成反比，低温环境下内带电将会变得更加严重，因此开展不同温度下的航天器内带电规律研究具有重要的现实意义。除本征电导率外，温度也对辐射诱导电导率产生一定影响，但研究结果表明在250K以下，温度对辐射诱导电导率的作用并不明显，因此低温环境下，主要考虑温度对本征电导率的影响。J. I. Minow指出低温对航天器充电产生的显著影响，尤其对长期处在低温环境下的行星际航天器，低温将会加重内带电风险，但没有做出仿真分析。

内带电往往伴随强电场（高达10^7V/m的量级），而强电场会在一定程度上增强本征电导率，这进一步增加了仿真难度。此外，介质结构的温度分布并不是均匀的，甚至存在较大的温度梯度，这也会对充电结果产生影响。在地面环境下，针对高压直流输电线路中存在的温度分布，研究人员通过实验测试，研究了温度梯度对聚乙烯和油纸绝缘材料的电荷积累和边界电场畸变的影响，发现增大温度梯度会加剧材料低温侧电场畸变。在航天器介质充电方面，已有的仿真工具（如DICTAT和SPIS）都是假定单一均匀的温度分布，并没有考虑温度梯度的作用。要实现温度对航天器充电影响的定量仿真分析，需要得到介质电导率的可靠表达式。其中，辐射诱导电导率主要受到辐射剂量率的影响，其指数模型已经确立并得到广泛应用。对于本征电导率，需要重点考虑温度和强电场对电导率的增强作用，因为充电过程会出现局部强电场（10^7V/m量级），它会显著增强介质电导率。已有的仿真软件和多数研究结果通常采用Adamec与Calderwood在1956年给出的计算模型，它强调的是强电场对载流子浓度和迁移率的增大效应。其中温度谱直接借鉴Arrhenius电导率-温度模型，这使得该模型在低温区间的表现难以令人满意。此外，采用低密度聚乙烯材料对应的热助跳跃-变程跳跃电导率模型，可以较好地描述低温和高温（以268K为分界）区间的电导率随温度的变化趋势，但电场强度作用因子表达式较复杂，涉及的参数不容易确定，而且缺乏有力的实验验证。鉴于此，本书研究了航天器内带电典型介质材料本征电导率随温度和电场强度的变化规律，并提出新的电导率公式，这有益于开展温度对航天器内带电影响的工程分析。

实际中的研究对象往往具有复杂的几何结构，而介质结构对电荷输运和充电边界条件都产生影响。规则接地情况下的平板介质深层充电仅代表一维情况，这种情况下三种典型边界条件（正面、背面和双面接地）对应的充电结果显著不同。而复杂的介质结构存在复杂的边界条件，这需要依赖内带电三维仿真才能得到定量分析结果。目前，内带电三维仿真的报道并不多见，体现复杂结构特征的内带电研究更是极少。

1.2.3 航天器外露介质充电模型与仿真分析

航天器蒙皮之外存在诸多外露介质结构，按照几何尺寸分为两类：一类是涂覆在航天器表面的介质薄层，如聚酰亚胺膜；另外一类是尺寸稍大（大于1mm）的介质结构，例如外露电缆绝缘层和天线支撑结构。介质薄层由于其厚度小（小于100μm），一般只考虑表面充电问题，不等量带电导致的表面电位差或薄层前后面电位差达到放电阈值时就会发生较严重的放电现象。而第二类外露介质除了表面充电威胁外，还面临介质深层充电问题。一方面，通量较大但能量较低（小于0.1MeV）的等离子体会在介质表面沉积并伴随二次电子发射；另一方面，高能电子（大于0.1MeV）入射介质并在其中沉积，导致介质深层充电。因此，外露介质充电需要综合考虑表面入射电流和深层沉积电流。回顾相关的充电模型，表面充电的电流平衡方程（代表性软件有 Spenvis 的表面充电在线计算软件）包含了入射电子、离子电流和二次电子电流以及介质传导（泄放）电流，却没有考虑介质的深层充电电流；介质深层充电模型包括微观层面的产生－复合（generation and recombination，GR）模型和宏观层面的辐射诱导电导率（RIC）模型，以及 DICTAT 和 NUMIT 所采用的计算模型，都没有考虑介质表面电流的作用。

实际上，表面带电和深层介质带电的界限不是那么明确。因为航天器表面的较厚介质层也会在一定深度范围内沉积电荷，材料表面和深层电荷的积累都需要考虑，也就是前述外露介质同时面临表面充电与深层充电。然而，在研究过程中，限于充电模型不够完善，通常只侧重研究表面充电或深层充电。但是从准确评估外露介质充电角度来讲，尤其发生严重表面充电的情形，这是不恰当的。此外，在光照与阴影交替过程中，外露介质经受较大的温度变化（－80～100℃），这将显著影响充电过程。

1.3 研究趋势与需要解决的问题

总结上述研究动态不难发现，考虑温度、特殊结构和特殊工况多因素作用下的内带电三维仿真是当前的发展趋势，而外露介质充电评估缺乏有效的充电模型。本书在前人工作的基础上，围绕以下几个问题展开深入研究。

（1）航天器内带电三维仿真处在刚起步的阶段，是当前航天器带电仿真的发展方向，需要解决电位计算模型不统一和难以完整体现三维特征等不足。

（2）高能电子辐射会造成航天器内带电，也会导致蒙皮外侧介质（外露介质）的深层充电，与此同时，外露介质充电还受到附近等离子体的作用，这就需要建立合理的带电模型来解决外露介质充电评估问题。

（3）如何尽可能考虑影响充电过程的各类因素（如温度、特殊结构或工况），实现更加准确的充电评估，是值得研究的重要问题。其中温度通过电导率来影响带电结果，这就需要研究介质电导率随温度变化的规律。

第2章 航天器内带电物理概述

在太阳耀斑爆发、日冕物质抛射、地磁暴或地磁亚暴等强扰动环境下，大量的高能电子注入地球同步轨道或太阳同步轨道中，使得能量大于1MeV的电子通量大幅增加。这些电子可直接穿透卫星表面蒙皮、卫星结构和仪器设备外壳，在卫星内部电路板、导线绝缘层等绝缘介质中沉积，导致其发生电荷累积，引起介质的深层充电，也称为内带电。内带电(internal charging)包括两种：一种是不接地的孤立导体的带电；另一种是星内介质的深层带电。对于孤立导体而言，根据库仑定律，同性电荷之间会相互排斥，所以，当入射高能带电粒子穿透到导电材料的深处，多余的电荷会迅速从材料的内部迁移到表面。结果，尽管入射带电粒子会透入材料内部很深的位置，但是多余的电荷只会停留在表面，因此，导体只会表面带电，永远都不会出现导体的深层带电现象。所以，对航天器危险最大的是航天器介质内带电问题。

介质内部的带电又称为介质深层带电或体带电，目前已被认为是造成中高轨道卫星在轨异常的主要原因。对于介质而言，因为介质材料的电导率很低，因此穿透进入介质中的高能带电粒子会停留在介质中。在几十兆电子伏的能量范围，电子的透入深度比离子深得多，会在一定的深度形成比离子层更深的负电荷区。对于一个几天、几个月甚至几年都暴露在高能粒子环境中的航天器而言，材料内部的电子积累可能在电介质内建立高电场。当介质内部的电场超过介质材料的击穿阈值时，就会发生放电，所产生的电磁脉冲会干扰甚至破坏航天器内部电子系统的正常工作，严重时使整个航天器失效。因此，介质深层带电效应是诱发地球同步轨道航天器故障和异常的主要因素之一。

2.1 航天器内带电环境

造成航天器内带电的环境为地球外辐射带及热等离子体中的高能电子。这些高能电子被地磁场俘获，在太阳活动期间受太阳风动力学作用的剧烈扰动。图2-1给出了电子辐射带分布特性，从图中看出，高能电子存在两个分布峰，称其为内、外辐射带。中圆地球轨道(MEO)正好覆盖了外辐射带的中心高度(20000~30000km)，运行于该高度的航天器将面临最恶劣轨道环境，深层充电效应最严重。

地球静止轨道(或称地球同步轨道)位于外辐射带的中心高度之外,接近外辐射带边缘。在空间环境扰动时,辐射带所处 L 值(L 为磁壳参数,是赤道面上某处离地心距离与地球半径 R_e 的比值)会有较大变化,相应的高能电子通量会有数量级变化,该轨道深层充电效应也不容忽视。

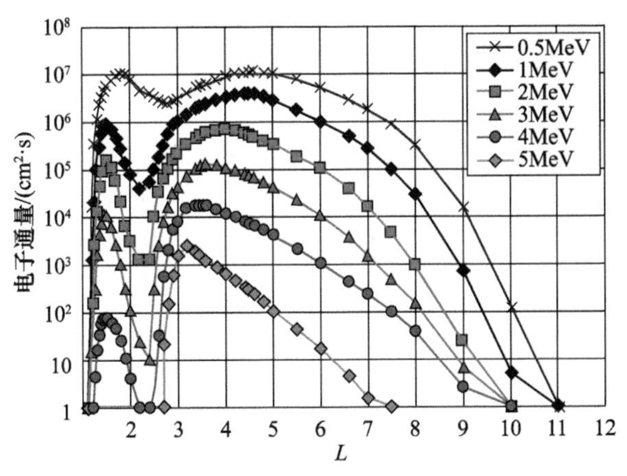

图 2-1 电子辐射带分布特性(见彩图)

图 2-2 给出了不同轨道的深层充电危险等级划分,低地球轨道(LEO)航天器不存在深层充放电问题,GEO 和 MEO 航天器深层充放电危险等级最高。

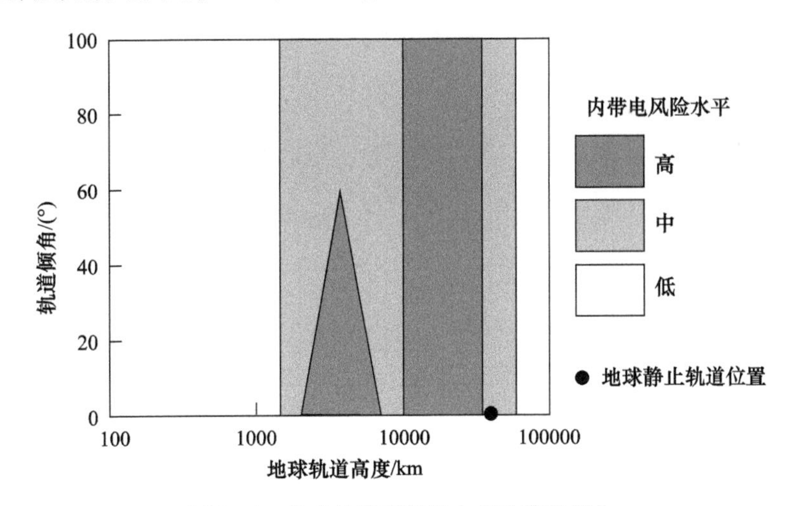

图 2-2 地球轨道深层带电危险等级划分

20 世纪 60 年代到 70 年代对地球辐射带进行了大量飞行实验探测,获得的实验数据形成了至今仍广泛使用的 AE8 辐射环境经验模型。但由于探测数据的局限,AE8 模型不能充分描述诱发深层带电的高能电子通量的情况,主要存在于以下缺点:

(1) 模型给出的是长期的电子平均通量密度,而不是最大通量密度水平(最恶劣条件);

(2) 模型中采用的电子能量大于 1MeV 的测量数据很少;

(3) 模型中采用的高赤道高度的测量数据很少;

(4) 模型给出的仅是太阳活动最大和最小的平均数据;

(5) 模型给出的是整个地磁活动水平范围的平均数据;

(6) 模型假设所有高能电子有相同的密度。

辐射环境经验模型不需要理解控制电子通量密度变化的物理过程,但是应该建立电子通量密度随时间的变化关系。图 2-3 为地球同步轨道卫星-7(GOES-7)在 1995 年 1~2 月间探测到的能量大于 2MeV 电子每天累积通量随太阳风活动的变化曲线,入射电子在几天内日累积通量增加了 2~3 个数量级,这种情况持续了 10 天左右。图中红色的曲线是大于 2MeV 电子的日通量,蓝色曲线是飞船测得当时的太阳风速度。两者之间有明显的关联性,电子的迅速增强紧随太阳风高速流到达之后。这些实验数据为理解航天器内带电效应提供了帮助。

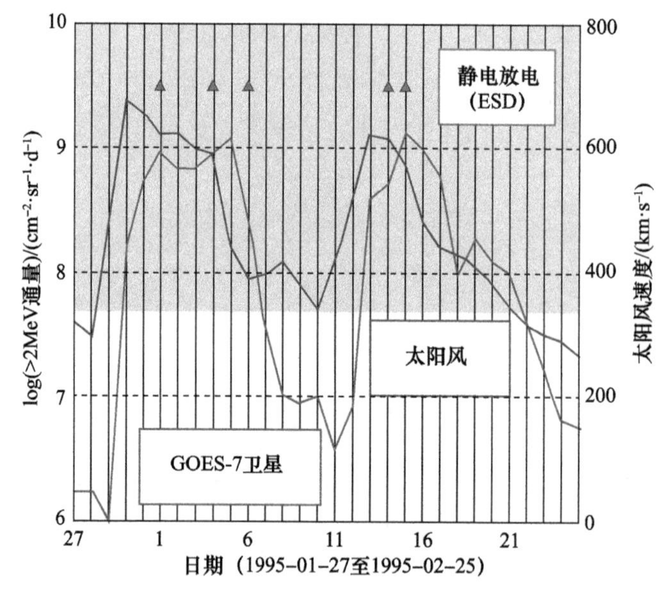

图 2-3 GOES-7 卫星探测的电子通量随太阳风活动的变化曲线(见彩图)

Wrenn 和 Smith 给出了 GEO 卫星平台内带电异常的入射电子日累积通量的阈值是 $5\times10^{7}/(\mathrm{cm}^{2}\cdot\mathrm{sr})$,电子通量达到这个阈值被定义为高能电子增强事件。第二个阈值 $5\times10^{8}/(\mathrm{cm}^{2}\cdot\mathrm{sr})$ 被定义为极度增强事件。表 2-1 给出了一个 11 年太阳黑子活动周期的高能电子增强事件的分布统计,11 年内发生了 178 次增强事件。在 4018 天内,增强事件有 1161 天,占总天数的 29%;极度增强事件有 312 天,占总天数 8% 。这些增强事件发生在太阳质子事件后几天内。

表 2-1 在 11 年内的高能电子增强事件的分布统计

年份	增强事件数	增强事件天数	极度增强事件天数	太阳黑子数
1985				18
1986	20	176	60	14
1987	11	66	6	32
1988	14	56	1	98
1989	9	45	0	154
1990	8	31	0	146
1991	11	52	4	144
1992	17	72	17	94
1993	23	172	31	56
1994	26	208	89	30
1995	24	174	77	17
1996	15	110	27	10

深层充放电效应与太阳活动周期性变化存在关系:在从太阳活动峰年向低年过渡期,是深层充放电效应发生高风险区,图 2-4 验证了上述说法。该图由两部分组成,上图给出了从 1991 年到 2000 年太阳活动周期性变化,下图是 GOES-7 和 GOES-8卫星空间环境监测器(space environment monitor,SEM)在轨持续监测 10 年结果。图中:红色方块代表大于 2MeV 电子 2 天总积分通量大于等于$10^9 cm^{-2} \cdot sr^{-1}$;黄色方块代表大于 2MeV 电子 2 天总积分通量在 $10^8 \sim 10^9 cm^{-2} \cdot sr^{-1}$之间;绿色方块代表大于 2MeV 电子 2 天总积分通量小于 $10^8 cm^{-2} \cdot sr^{-1}$;白色方块代表缺少探测数据。

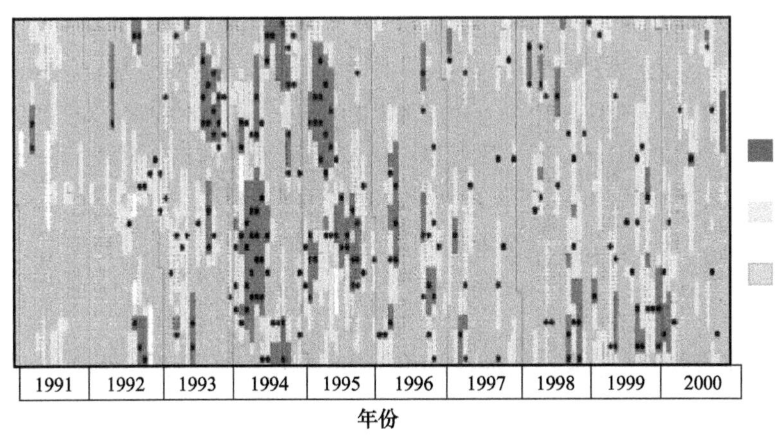

图 2-4 深层充放电事件与太阳活动周期关系(见彩图)

从图 2-4 可以清晰地看到，在太阳活动下降年发生了大量的相对论电子高积分通量事件，因此航天器发生深层充放电异常的可能性非常大。

中高轨道上存在航天器内带电及介质击穿现象的最典型、最可靠的实验数据来自于美国化学释放和辐射综合效应实验卫星（CRRES）带电试验。试验获得的在轨原位测量数据表明 10h 的环境暴露周期，不发生内带电放电的入射高能电子通量密度安全阈值为 $10^5/(cm^2 \cdot s)$。

CRRES、SAMPEX、空间技术研究飞行器-1（STRV-1）等卫星飞行实验探测数据为航天器内带电效应研究提供了外辐射带太阳风动力学作用的模型数据，俄罗斯的飞行实验探测数据也为内带电环境模型的完善做出了贡献。

2.2 内带电物理学基础

2.2.1 高能带电粒子在固体中的穿透特性

撞击在表面材料上的高能电子和离子会穿透到不同的深度，透入深度与粒子能量、粒子类型及材料特性有关。在能量为千电子伏量级，电子和离子只能穿透到距离表面很浅的深度，它们的透入深度没有显著差别。在能量为兆电子伏量级，电子比离子穿透的深，它们的透入深度差别将变得非常明显。在能量为 100MeV 或更高量级，离子的透入深度比电子大，可能会引发介子产物和核反应。

在地球空间环境中，人们不太关心能量为 100MeV 或更高电子和离子的通量，因为如此高能量的电子和离子的通量非常小。这么高能量的电子和离子可能来自宇宙射线，如果它们撞击在星载电子设备的敏感部分，可能造成严重破坏。但是，由于它们的通量非常小，直接撞击的可能性非常小。而该问题不属于带电问题，而是属于一种由一些穿透到物质中的高能带电粒子导致的航天器异常现象。

高能电子和离子在介质中透入深度的差异导致在较深的地方能形成一层电子层（注意，因为环境电子的通量比环境离子高两个数量级，因此通常忽略离子层）。由于电介质具有极小的电导率，因此在介质层中沉积的电子是不可移动的。随着电荷的积累，它们会建立电场。在足够高的电场下，介质材料将发生击穿，该击穿临界电场大约为 10^6V/m 数量级。介电击穿意味着局部电导率的突变，会突然形成一个局部的导电通道，并引发电弧放电。

2.2.2 阻止本领

通常，将入射粒子在单位行程上的平均能量损失称为阻止本领 $S(E)$，即

$$S(E) = -\frac{dE}{dx} \tag{2-1}$$

式中：E 为入射粒子的动能；x 为距离；$S(E)$ 的单位为 keV/μm。

在航天器相关领域，术语“线性能量转移(linear energy transferred，LET)”通常被用作注入粒子阻止本领的一个近似。阻止本领和 LET 之间是有差别的：阻止本领包含了所有能量损失机制，也包括辐射损失；而 LET 不考虑辐射损失。在 20MeV 以上，韧致辐射会逐渐变得重要，在 100MeV 以上，可能会发生核反应，因此对于深层介质带电，一般只考虑能量在 20keV ~ 20MeV 的入射粒子，此时的韧致辐射无关重要。在这个能量范围，阻止本领或 LET 主要是由动能转移、激发和电离造成的。在地球空间环境中，带电粒子的通量一般随着带电粒子的能量增加而迅速减小。能量在 20MeV 以上的粒子通量通常可以忽略，这也是介质深层带电所关注的最高能量。

另一个描述带电粒子在材料中的阻止本领的公式是 Bethe - Bloch 公式。它是相对论的，由下式给出，即

$$S(E) = -\frac{\mathrm{d}E}{\mathrm{d}x} = \frac{4\pi Z^2 n_e \alpha^2}{mv^2}\left[\log\left(\frac{2mv^2}{1-\beta^2}\right) - \beta^2 - \log I\right] \qquad (2-2)$$

或者

$$S(E) = \frac{2\pi Z^2 M n_e \alpha^2}{m}\frac{1}{E_p}\left[\log E_p + \log\left(\frac{4M}{m}\right) - \beta^2 - \log I\right] \qquad (2-3)$$

其中

$$E_p = \frac{1}{2}Mv^2 \qquad (2-4)$$

式(2 - 2) ~ 式(2 - 4)中：m 为电子质量；Z 为入射粒子的电量；v 为入射粒子的速率，n_e 为材料的电子密度；α 为精细结构常数；β 为相对论因子，$\beta = v/c$，其中 c 为光速；E_p 为入射粒子的动能；I 为平均能量，用于表征由材料中原子的离子碰撞激发和电离的材料特性。单位体积的电子密度 n_e 与材料密度 ρ 的关系为

$$n_e = \frac{z\rho}{Am_p} \qquad (2-5)$$

式中：z 为原子中质子的数量；A 为原子量；ρ 为质量密度($\mathrm{g \cdot cm^{-3}}$)；m_p 为中子质量。在不同的条件下会有增加微调附加项。入射电子的阻止本领与式(2 - 2)相似，除了对数项有细微的差别。

有趣的是，阻止本领 $S(E)$(式(2 - 1))随着粒子的减速而增加。在非相对论性能量($\beta \leqslant 1$)中，$S(E)$ 与 v^{-2} 近似成正比。

应该注意到，应用与高能带电粒子穿透材料(包括航天器上的电介质)的 Bethe - Bloch 公式适用于初始能量达到约 20MeV 量级的带电粒子。对于不同的校正存在附加项，如壳校正、散射和韧致辐射，但是对于能量高达 20MeV 的入射粒

子,一般只能提高到不超过约6%的精度。在20MeV以上,修正项会使情况变得复杂,且在地球空间环境中超过20MeV能量带电粒子的通量非常小。

2.2.3 透入深度和射程

图2-5给出了1MeV带电粒子穿透到物质中的阻止本领$S(E)$或LET的一条典型曲线。阻止本领随透入深度增加和降低的曲线称为Bragg曲线。Bragg曲线存在一个特征峰,称为Bragg峰。超过这个峰,粒子将减速至完全停止。粒子在材料中射程的定义为从表面至Bragg峰与停止点之间中点的距离。

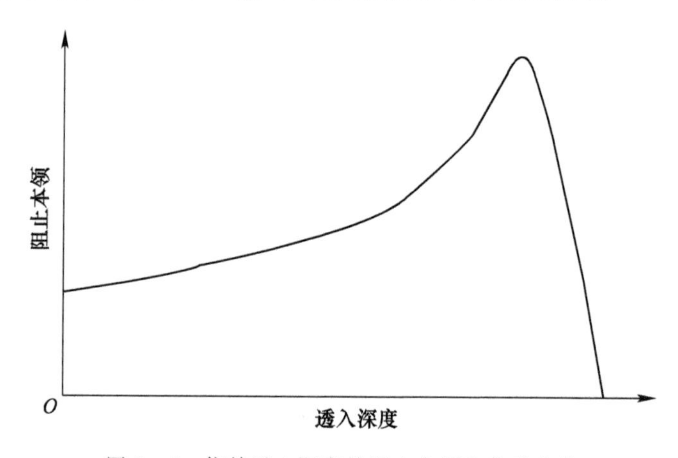

图2-5 依赖透入深度的阻止本领的典型曲线

注意,在高速率下,超快速粒子(注入)与材料间的相互作用很小,沿着入射粒子路径直到入射粒子减速期间的电离概率非常小,主要是因为激发需要的能量比电离小,在粒子入射路径上直至入射粒子接近Bragg峰,出现的激发要多于电离。Bragg峰出现在靠近入射粒子路径的末端,在此处,粒子的速率从初始能量的兆电子伏级减至千电子伏级或几百电子伏。在此处的相互作用、动量转移和能量损失达到最大值,晶格中原子位移的概率、材料中原子的发热、激发和电离也达到最大。在Bragg峰附近很窄区域的电离可能会导致离子和电子数量上升几个数量级。

对于一个质量为m、初始能量为E_p的初级带电粒子,穿透的射程$R(E_p)$与阻止本领$S(E)$间的关系由以下积分给出,即

$$R(E_p) = \int_0^{E_p} \mathrm{d}E\left(\frac{1}{\mathrm{d}E/\mathrm{d}x}\right) \tag{2-6}$$

按照惯例,射程$R(E_p)$($\mathrm{g \cdot cm^{-2}}$)是材料密度ρ($\mathrm{g \cdot cm^{-3}}$)和距离(cm)的乘积。要将射程转化为深度p,只需简单地用射程R除以密度ρ,即

$$p = \frac{R}{\rho} \tag{2-7}$$

电子和离子穿透的深度不一样。在表 2－2 中,1MeV 电子透入深度的典型值一般为几分之一厘米,而 1MeV 质子的透入深度会比前者小约两个数量级。应该注意到,1MeV 电子的射程 R 近似为一个常数。这种近似为常数 R 的特性在能量范围 10keV～20MeV 都成立。因此,一种材料的透入深度可以由一个简单的近似公式推导出同样能量初级的粒子在另外一种材料中的透入深度。不同材料透入深度间微小差别的原因在于电离。电离是材料的一个特性,主要出现在 Bragg 峰附近的一段很短的距离。如果这个短距离与总的穿透深度相比很小,则忽略在这段短距离内电离的任何微小差异是一个很好的近似,其中一个这样的公式为

$$S_1/S_2 = n_1/n_2 \tag{2-8}$$

式中:n_1 和 n_2 分别为两种材料的电荷密度。这个近似是粗糙的,因为平均激发和电离能在不同材料中是不一样的。

表 2－2　1MeV 电子和离子在一些材料中的典型射程和透入深度

材料	密度/($g \cdot cm^{-3}$)	电子深度 p_e/cm	电子射程 R_e/($g \cdot cm^{-2}$)	质子深度 p_i/cm	质子射程 R_i/($g \cdot cm^{-2}$)
铝	2.70	0.205	0.5546	0.00143	0.00387
氧化铝	3.97	0.135	0.5367	0.00093	0.00370
锗	5.32	0.123	0.6560	0.00121	0.00643
金	9.32	0.040	0.7762	0.00065	0.01247
石墨	1.70	0.292	0.4964	0.00162	0.00275
铁	7.87	0.078	0.6159	0.00069	0.00544
聚酰亚胺	1.42	0.337	0.4780	0.00191	0.00271
铅	11.35	0.069	0.7843	0.00104	0.01183
有机玻璃	1.19	0.349	0.4150	0.00208	0.00247
聚酯薄膜	1.40	0.336	0.4702	0.00189	0.00265
聚乙烯	0.94	0.443	0.4160	0.00229	0.00215
聚丙烯	0.90	0.461	0.4150	0.00234	0.00211
聚氯乙烯	1.30	0.380	0.4940	0.00225	0.00293
硼硅酸玻璃	2.23	0.234	0.5219	0.00155	0.00345
硅	2.23	0.231	0.5386	0.00165	0.00384
银	10.50	0.066	0.6896	0.00073	0.00770
聚四氟乙烯	2.20	0.238	0.5227	0.00149	0.00327
钛	4.54	0.133	0.6055	0.00105	0.00478

2.2.4 高电场雪崩电离

地面试验证实,当外施电场达到材料特性有关的临界值时,就会发生介质击穿,即在临界电场或高于临界电场,材料中出现导电通道。临界电场 E^* 的值取决于不同材料的特性,典型值在 $10^6 \sim 10^8$ V/m 数量级。实际上,介质击穿很少起始于整个材料中。也就是说,介质击穿通常开始于一些缺陷点或故障通道。

由于在电介质材料中建立的电荷会产生静电位能,因此突然出现的击穿会沿着导电通道释放能量,如释放电子和离子的动能。接着,释放的动能会通过碰撞电离和发热破坏介质材料物理结构。结果,当放电发生时,放电痕迹变成越来越宽的溪流,就如同一条河流系统。该放电模型被称为 Lichtenberg 模型。在介质试样被高能电子辐射一段时间后,可能发生自发放电,这时可以通过使用一个接地的导线接触试样来诱导放电。

为什么各种介质材料的临界电场 E^* 为 $10^6 \sim 10^8$ V/m? 具体原因分析如下:当固体中的一个电子沿着外施电场 E 方向被加速时,电子获得动能。当它碰撞一个原子的束缚电子时,它的一部分动能将用于从原子中撞击出电子,即电离。典型原子的电离能在 10eV 数量级,在绝缘材料中低能电子的平均自由程大约为 10^{-6} m。因此,当外施电场为 10^7 V/m 时,电子在移动 $\lambda = 10^{-6}$ m 的距离中将获得 $\Delta V = 10$ eV 的能量。如果该电子碰撞电离原子,那么将从中性原子中释放出一个新的电子,而原子变成一个正离子。两个电子继而重新开始它们的旅程,并在下一个平均自由程又获得 10eV 的能量,以此类推。通过这种方式,越来越多的电子聚集起来一起旅行就形成了溪流。它们同样会在非弹性碰撞、原子或分子激发、辐射、加热、电子-离子复合和晶格畸变中损失部分能量,但是如果在每次循环中电子得到的能量超过损失的能量,就会发生雪崩击穿。这个理论虽然很粗糙,但是与 Lichtenberg 放电模型中下游变宽以及临界电场的幅值 E^* 为 10^7 V/m 数量级是一致的。

按照双电荷层结构,在深层的电子受到自身高电场排斥,同时又受到靠近介质表面的正离子吸引。结果,在介质中的电子趋向于缓慢移向离子层,电子的迁移率很低。电子在沿着电场方向移动时获得能量。如果出现碰撞电离,能量增益大于损失,就会出现雪崩电离。

有人可能对电离能量 10eV 有疑问。对于一些材料,可能会需要更多的能量来电离。含有电离的碰撞会在激发、辐射、加热等效应中损失能量,所以有效电离能量会更高一些。假设使用 100eV 替代 10eV,那么临界电场强度 $E^* \approx 10^8$ V/m。

有人可能会有另外一个问题。固体理论中,电子形成价带和导带。对于绝缘体,能带被一个 1eV 到几电子伏的禁带分开,禁带宽度与材料有关。如果价带填满而导带空着,那么在价带中的电子就不能跳过禁带。如果是这样,则可以获得一种绝缘材料,绝缘材料中的热能很小,不能克服禁带的能量。假设外施一个 $E^* = 3 \times$

10^6V/m 的电场,平均自由程 $\lambda = 10^{-6}$m,电子在一次碰撞中就可以获得 3eV 的平均能量ΔV。因此,沿着平均自由行程从电场中获得能量(3eV)的激发电子足以从价带跳到导带上。

有人可能会接着问:“如果平均自由行程 λ 与材料的密度 n 成反比,那么临界电场将怎样变化?”对于一个较短的平均自由行程,临界电场 E^* 会更高,才能在每次碰撞中获得同样的电离能量。因此,临界电场 E^* 与材料的密度 n 成正比。

综上所述,可以断言,临界电场 E^* 为 $10^6 \sim 10^8$V/m。

2.2.5 Mott 转变

Mott 转变的思想如下:原子中的电子被原子核通过库仑力吸引着,如图 2-6(a)所示,如果有电子沉积在原子附近,会产生一个德拜屏蔽,从而有效地缩短库仑力的作用范围。如果沉积足够的电子,则德拜屏蔽会通过这些电子切断库仑力,被原子束缚的价电子将变成自由电子,如图 2-6(b)所示。

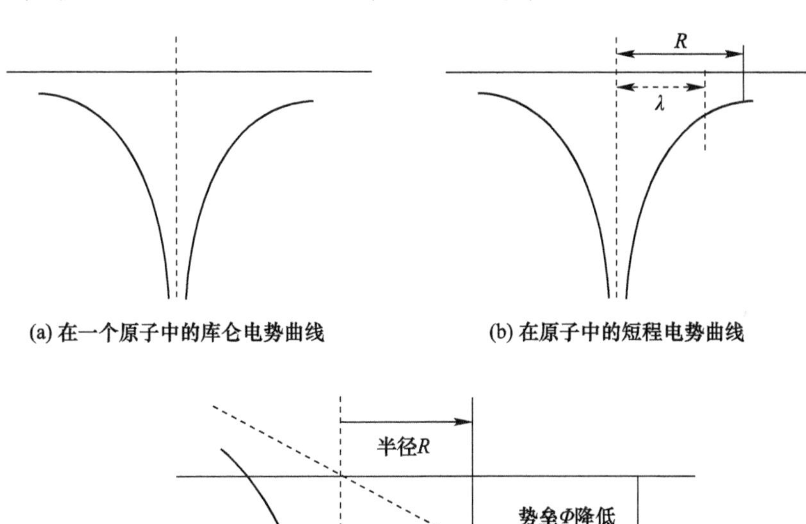

(a) 在一个原子中的库仑电势曲线　(b) 在原子中的短程电势曲线

(c) 外施电场下的库仑电势曲线倾斜

图 2-6　Mott 转变过程

距离原子核 r 处的静电势 $\Phi(r)$ 的库仑形式为

$$\Phi(r) = \frac{e}{4\pi\varepsilon r} \tag{2-9}$$

电子和原子核形成原子，电子距离原子核的距离 $r=R$，其中 R 称为有效波尔半径。当周围有电子沉积时，在 $r=R$ 处的电势被电子屏蔽，式(2-9)变成一个被屏蔽的库仑形式，即

$$\Phi(r)=\frac{e}{4\pi\varepsilon R}\exp\left(-\frac{R}{\lambda}\right) \tag{2-10}$$

被屏蔽的电势相对于库仑电势是一个短程作用力。在 Thomas - Permi 近似中，德拜长度 λ 为

$$\lambda^{2}=\frac{R}{4}\left(\frac{\pi}{3n}\right)^{1/3} \tag{2-11}$$

式中：n 为电子密度。注意，德拜长度 λ 随密度 n 的增加而减小。在低密度时，德拜距离 λ 远大于波尔半径，因此式(2-11)中当 $\lambda\to\infty$，即可得到库仑形式(式(2-9))。当密度 n 增加，距离 λ 减小时，最终德拜距离 λ 等于有效玻尔半径 R，在波尔半径处的电势降低为

$$\Phi(R)=\frac{e}{4\pi\varepsilon R}\exp(-1) \tag{2-12}$$

Mott 转变的思想是，当 $r=R$ 时，屏蔽电势是一个临界值，这个值过于小，因此无法将电子维持在 $r=R$ 处。电子和原子核不再是束缚态，因此电子自由移动离开原子核。将 $r=R$ 代入式(2-11)，可以得到临界电子密度 $n=n^{*}$，则有

$$n^{*1/3}R\approx 0.25 \tag{2-13}$$

式(2-13)就是绝缘体-导体转变的 Mott 方程。对许多材料的实验室观测结果，已经得到了一个类似的关系，即

$$n^{*1/3}R\approx 0.26\pm 0.05 \tag{2-14}$$

式(2-14)非常接近 Mott 转变方程式(2-13)。

2.2.6 Poole - Frenkel 强电场效应

Poole - Frenkel 的基本思想如下：当给原子外施一个电场，电场的电位梯度将与原子的库仑电势相叠加，叠加的梯度会使电势曲线倾斜，因此曲线一边的降低比另一边多，如图 2-6(c)所示。如果电势曲线倾斜降低得足够多，原子中的束缚电子将变成自由电子，该电子就可以离开原子，跳向另一个原子，以此类推。

当给原子上外施一个电场 E 时，在电场方向 $r=R$ 处的电势 $\Phi(r)$ 变为

$$\Phi(R)=\left(\frac{e}{4\pi\varepsilon R}-ER\right)\exp\left(-\frac{R}{\lambda}\right) \tag{2-15}$$

求出当 $E \to 0$ 时的极限,就可以从式(2-15)中得到屏蔽库仑电势。因此,如果有极高的电子密度,但没有外施电场,就可以得到 Mott 转变公式(2-10)。

如果外施电场 E 很高,但是电子密度 n 很低,令 $\lambda \to \infty$,则电势 $\Phi(R)$ 变为

$$\Phi(R) = \left(\frac{e}{4\pi\varepsilon R} - ER\right) \tag{2-16}$$

它低于库仑电势,即低于式(2-10)。当外加电场 E 足够高时,就会将电势 $\Phi(R)$ 降低到式(2-12)的临界值,即

$$\Phi(R) = \left(\frac{e}{4\pi\varepsilon R} - ER\right) = \frac{e}{4\pi\varepsilon R}\exp(-1) \tag{2-17}$$

随着电势降低,在 R 处的电子又将重新变得松弛。因此,转变或击穿的临界电场 E^* 由式(2-17)决定,对于大多数材料有 E^* 约为 $10^6 \sim 10^8$ V/m 数量级。

如果考虑固体中高电荷密度和高电场的综合作用,那么击穿电压会降低,如式(2-15)和图 2-7 所示。

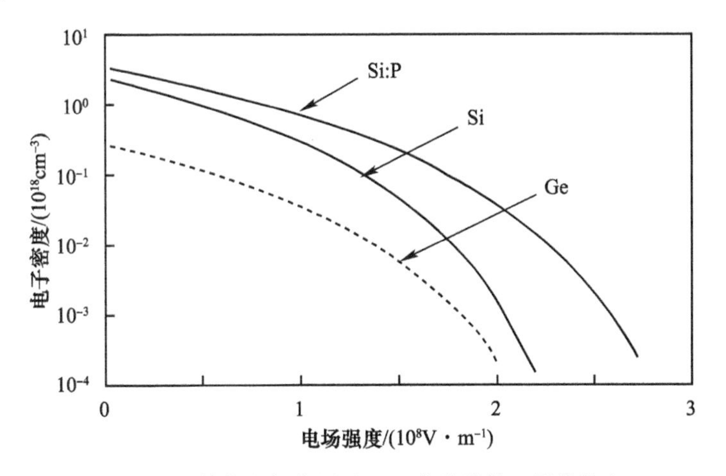

图 2-7　外施电场作用下 Mott 的绝缘体-导体转变

2.2.7　齐纳击穿

在高电场下,在价带中的电子可能隧穿禁带到达导带。在量子力学中,固体中的电子会形成波函数,相邻的波函数会相互接触和重叠,它们一起形成被禁带分开的能带。在绝缘材料中,价带是满的,但是导带是空着的。典型绝缘材料的禁带宽度为 1~2eV。根据泡利不相容原理,完全填满价带的电子是不能传导的,除非电子可以跳过禁带到达导带。

量子力学中,电子可以以一定的概率隧穿势垒或者禁带 ε。隧穿概率随着势垒的降低或者禁带变窄而增加。齐纳认为,外施一个高电场 E 可能增强电子隧穿

禁带的概率。使用经典量子力学教科书中描述的 Wentzel – Kramers – Brillouin (WKB) 近似，齐纳得到了隧穿禁带的概率 γ，即

$$\gamma = \frac{eEa}{h}\exp\left(-\frac{\pi^2 ma\varepsilon^2}{h^2 eE}\right) \tag{2-18}$$

式中：e 为电子电量；E 为电场强度；a 为晶格长度；eEa 为在晶格长度上的静电势能；h 为普朗克常量；m 为电子质量；ε 为间隙宽度。如取 $a = 3 \times 10^{-8}$cm，由式(2 – 18)得到的隧穿速率为

$$\gamma(\varepsilon, E) = 10^7 E \times 10^{-\frac{0.5\times10^7\times\varepsilon^2}{E}} \tag{2-19}$$

对于禁带能量 $\varepsilon = 2$eV，式(2 – 19)给出的齐纳隧穿速率为

$$\gamma(2\text{eV}, E) = E10^{7-\frac{2\times10^7}{E}} \tag{2-20}$$

图 2 – 8 给出了外施电场 E 函数的齐纳隧穿速率 $\gamma(\varepsilon,E)$，齐纳隧穿速率由式(2 – 20)计算得到。在该图中，$\gamma(\varepsilon,E)$ 一直很低，直到电场达到阈值电场 E^*。大于阈值电场 E^*，隧穿速率随着电场 E 的增加迅速增加，表明由价带隧穿到导带的电子数量迅速增加。也就是说，绝缘体将变成导体。如图 2 – 8 所示，这种转变是突然发生的，当外加电场超过阈值电场时，隧穿速率迅速增加，这种现象称为绝缘材料的齐纳击穿。

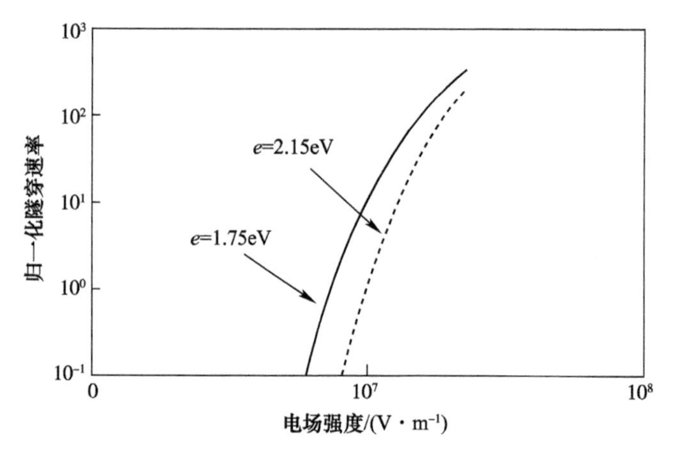

图 2 – 8　齐纳隧穿速率与外施电场的关系

2.2.8　电子注量

注量 F 是入射通量在一个周期 T 内的积累值，通量 J 是单位时间内运动到单位面积上的粒子数量，且有

$$F(T) = \int_0^T J(t)\,\mathrm{d}t \tag{2-21}$$

式中：通量 J 的单位为 $\mathrm{cm}^{-2} \cdot \mathrm{s}^{-1}$；注量 F 的单位为 cm^{-2}。如果材料非常薄，只有通量的一部分保留下来，因此要将式(2-21)中的 J 换成 fJ（f 表示发射出去的粒子束流的占比系数）。通量的余下部分 $(1-f)$ 穿过了材料而没有停留在材料内部，因此不会对介质深层带电起作用。

为简单起见，考虑部分值 $f=1$。经一个周期 T 后，在面积 A 内获得的注量 F 等于沉积在介质深层的电量 Q。带电量为 Q 的平板层产生的电场为

$$E=\frac{Q}{2\varepsilon A} \tag{2-22}$$

式中：ε 为介质材料的介电常数，$\varepsilon=\varepsilon_0\kappa$，其中 ε_0 为真空介电常数，κ 为介质常数（也称为相对介电常数）。如果形成了双电荷层，则将式(2-22)中的电场乘以 2，因为由每层产生的电场在两电荷层间的区域中会共同起作用。

假设在介质材料中存在一个电荷量为 Q、面积为 A、厚度为 Δx 的电子层，则可以得到电荷密度为

$$\rho=\frac{Q}{A\Delta x} \tag{2-23}$$

电场 E 是每单位距离 Δs 上的电位差 $\Delta\Phi$。假定在深度 Δs 范围形成了一个电荷层，则两层间的电荷与介质表面的电位差为

$$\Delta\phi=E\Delta s \tag{2-24}$$

2.2.9 介质深层带电的临界注量

因为介质击穿存在一个阈值电场 E^*，所以也存在一个临界注量 F^*。注量是在一段时间内的通量积累。临界注量与材料特性、沉积在材料中的入射通量因子 f、电荷泄漏速率以及材料的几何尺寸有关。

Vampola 引用了 Frederichson 关于 CRRES 航天器放电的临界注量 F^*，“对于在大于泄漏电流时间 τ 的一个周期 T 内，大小为 $10^8\mathrm{cm}^{-2} \cdot \mathrm{s}^{-1}$ 数量级的平均通量 J 而言，临界注量 $F^*=10^{12}\mathrm{e} \cdot \mathrm{cm}^{-2}$。”作为一个练习，可忽略掉这段时间内的泄漏电流、几何效应等，并假定初始值 $F(0)=0$。由式(2-21)可得

$$F^*(T)=\int_0^T J(t)\,\mathrm{d}t=T\times 10^8\mathrm{cm}^{-2} \cdot \mathrm{s}^{-1}=10^{12}\mathrm{cm}^{-2} \tag{2-25}$$

由式(2-25)得到了一个时间 $T^*=10^4\mathrm{s}$，即大约 3h，这就是对于一个给定的 J，达到临界 F^* 所需的通量积累时间。前面的估计建立在假设一个平均通量 J 的基础上，而事实上，$J(t)$ 是随时间变化的。

如果初始值 $F(0)$ 为限定值，那么所需时间相应也会变短。在有泄漏的介质材料中，沉积的电荷 $Q(t)$ 会随时间 t 按指数规律衰减。设定泄漏时间常数为 τ。实

际上，在经过周期 T 后的电荷量 $Q(T)$，由从 T_0至 T 入射电荷量的积累和衰减以及初始电荷 $Q(T_0)$指数规律减少项之和来决定，即

$$Q(T) = \int_{T_0}^{T} J(t)\exp\left(-\frac{t - T_0}{\tau}\right)\mathrm{d}t + Q(T_0)\exp\left(-\frac{t - T_0}{\tau}\right) \tag{2-26}$$

根据 CRRES 的结果，泄漏时间常数 τ 大约为半小时至几小时。对于双星卫星，所使用的泄漏时间常数为 1h。

2.2.10 带电粒子的穿透效应

对于运行在地球辐射带中航天器的介质深层带电，主要关注在 0.01 ~ 20MeV 能量范围的电子和质子通量，更高能量电子和质子的通量非常小。电子和离子可穿透到不同的深度，这与能量有关。在 0.01MeV 以下，电子和质子的射程近似相等；在 100MeV 以上，质子穿透比电子深。穿透到不同深度的电子和质子可以在材料中滞留几天或几个月，该时间与材料电导率有关。积累和逐步增加的内部电荷最终会建立起强电场（高斯定理），这个特性就是产生介质深层带电的原因。

对于所关注的航天器相互作用，带电粒子透入和沉积可能造成以下 5 种效应。

（1）电子 - 离子对。因为带电粒子会导致激发和电离，电离水平沿穿透路径和穿透路径附近增加，特别是当初始带电粒子减速至几千电子伏或几百电子伏，甚至几十电子伏能量之时的电离水平更是如此。取决于材料的电导率，电子 - 离子对可能产生复合，尽管在一些材料中这个过程非常慢，但是无论怎样，净电荷的增加与电离数量无关。

（2）化学效应。因为出现了激发和电离，特别是当入射粒子的速度已经降下来时，会有辐射诱导化学效应产生，如着色、发光、化学变化等。作为一个夸张的说明，可以回忆一些电影中当某人暴露于强烈的放射线下后会变成发蓝光的人。

（3）对晶格的破坏。高能注入粒子可以使原子产生位移，甚至将它们从其晶格位置移走，结果导致晶格缺陷出现，致使材料中的杂质水平增加。

（4）级联效应。如果一个原子发生高动量反冲，它可能造成级联电离或给晶格造成级联损伤。例如，快质子与材料中的原子发生迎面碰撞，可能会传递给原子一个很大的反冲动量，接着就可能造成级联效应。迎面碰撞通常是导致航天器电子设备单粒子翻转（SEU）的原因。

（5）高内部电场。当电场高于一定的临界值，就可能发生电介质击穿。材料中局部电导率会出现突变，进而引发材料内部出现弧光放电。这种类型的效应是研究介质深层带电的一个主要原因。

第3章　航天器内带电机理分析与三维仿真方法

为了更加准确评估航天器内带电风险,开展三维仿真是当前的发展趋势。航天器上某些复杂介质结构的内带电分析必须借助三维仿真才能实现,即便对于介质平板,一旦考虑到非规则边界条件,为了确定充电最严重的局部位置,同样需要三维仿真。本章在分析航天器内带电机理基础上研究内带电三维仿真方法,得到了电荷输运三维模拟工具,建立了内带电计算三维模型,从而得出航天器内带电三维仿真方案。

3.1　航天器内带电机理分析

内带电机理可概括为两部分:①高能电子与靶材料相互作用的微观物理过程,即电荷输运及沉积;②介质中电位与电场建立的宏观过程,即沉积电荷再分布。

3.1.1　高能电子与靶材料的相互作用

在表面充电中,由于带电粒子入射深度很小(微米量级),没必要分析入射电荷在介质内部的输运过程,而是将产生的效应直接归结为二次电子逃离介质表面。对于航天器内带电,入射电子能量达到兆电子伏量级,对应的穿透深度较大。虽然高能电子入射也会出现二次电子,但是能够从该深度(毫米量级)逃离靶材料表面的二次电子微乎其微,因此在航天器内带电分析中,可忽略表面二次电子发射。

高能电子在靶材料中的输运过程中伴随着内部电荷积累和辐射的产生。从原子、原子核和核外电子的层面考虑:高能电子入射材料后,其输运过程受到库仑力作用,会激发或电离原子;与原子核及核外电子发生碰撞,产生二次电子和多次散射,以及电子与原子核碰撞导致骤然减速并产生轫致辐射。涉及以下三类主要物理过程。

1. 电离

电子穿过靶物质时,与靶原子的核外电子发生非弹性库仑碰撞,转移一部分能量使靶原子电离或激发,且碰撞后电子运动方向有较大改变。这是电子在物质中损失能量的重要方式。

2. 韧致辐射

韧致辐射是指高速电子骤然减速产生的辐射。当电子与原子核发生非弹性碰撞时，便出现韧致辐射，导致入射电子自身的动量有一部分被辐射光子带走，另一部分转移给靶原子和偏转电子。

3. 散射

电子与靶原子核库仑场发生相互作用时，还可能发生弹性散射，即只改变运动方向，不辐射能量。由于电子质量比原子核小得多，因此散射角很大，而且发生多次散射。入射电子的能量越低，靶物质的原子序数越大，电子的散射越严重。

为定量描述高能带电粒子入射靶材料时的能量转移（能量损失），可参照 Bohr 模型。如图 3-1 所示，原子序数为 Z 的带电粒子以一定速度 v 经过原子核外电子，假设其运动轨迹不受电子的影响，由于库仑力的作用，该过程使得电子具有一定动量，记沿垂直于带电粒子运动轨迹的动量分量为 Δp。

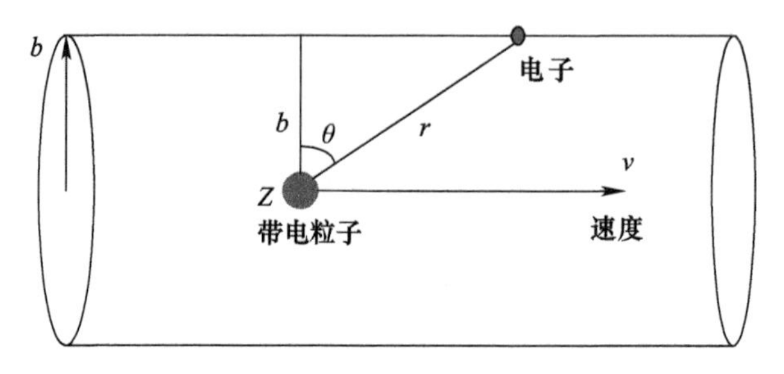

图 3-1 带电粒子掠过原子核外电子

根据动量公式 $\Delta p = F\Delta t$，可得

$$\Delta p = \int_{-\infty}^{+\infty} eE_v(x)\,\frac{\mathrm{d}x}{v} \tag{3-1}$$

式中：E_v 为带电粒子在电子处所产生的电场沿垂直于 v 的分量，且

$$E_v(x) = \frac{Ze}{4\pi\varepsilon_0 r^2}\cos\theta = \frac{Zeb}{4\pi\varepsilon_0\,(b^2+x^2)^{3/2}} \tag{3-2}$$

式中：r 为带电粒子与电子之间的距离；b 为 r 对于 v 的垂直分量；θ 为 b 与 r 的夹角。b 的物理意义表示靶材料的密度。经过积分得到动量转移为

$$\Delta p = \frac{Ze^2}{2\pi\varepsilon_0 bv} \tag{3-3}$$

因此能量转移为

$$\Delta E = \frac{\Delta p^2}{2m} = \left(\frac{e^2}{2\pi\varepsilon_0}\right)^2 \frac{Z^2}{2mv^2b^2} \tag{3-4}$$

虽然 Bohr 模型没有考虑相对论效应，但是仍然较深刻地描述了高能带电粒子

与靶材料相互作用中的能量转移机制。式(3－4)中的括号项为常数,如果带电粒子为电子,那么 $Z=1$,于是 ΔE 与 v^2 成反比,即电子能量越高,那么能量转移越小;又因为 b 与靶材料密度成反比,所以能量转移与靶材料密度平方成正比,即靶材料密度越高,吸收的能量越大。对于同等能量的入射电子,其入射深度随靶材料密度增大而降低,通过材料掺杂,也会对电荷输运产生一定影响。

电荷输运过程可以通过数值模拟得到有效评估,从而得出靶材料中电荷沉积率和辐射剂量率,其中电荷沉积率(单位:A/m^3)代表高能电子入射导致的充电电流源,而辐射剂量率会影响靶材料的电导率。值得注意的是,电离、韧致辐射和多次散射都是从微观粒子层面来刻画电荷输运过程,该过程并未考虑材料电导率这一宏观参量,只考虑了靶材料密度和成分(由分子式体现)的影响。

3.1.2 电位与电场的建立过程

内带电效应的产生都是源于电位与电场的建立。电荷输运过程旨在从微观粒子层面描述高能电子与射靶材料的相互作用,该过程得到的介质内部单位体积电荷沉积率是内带电的电流源;在该电流源的作用下,电荷与电场强度如何相互作用,可以归结为由电荷守恒定律和特定边界条件决定的电场建立过程。也就是说,电子入射和电荷沉积导致内部电场的建立,反过来内建电场会促使电荷分布发生改变。如图 3－2 所示,从电荷守恒角度考虑,当注入电流与泄放电流相等时,达到充电平衡状态,否则处在趋于平衡的过程或者发生介质击穿放电。

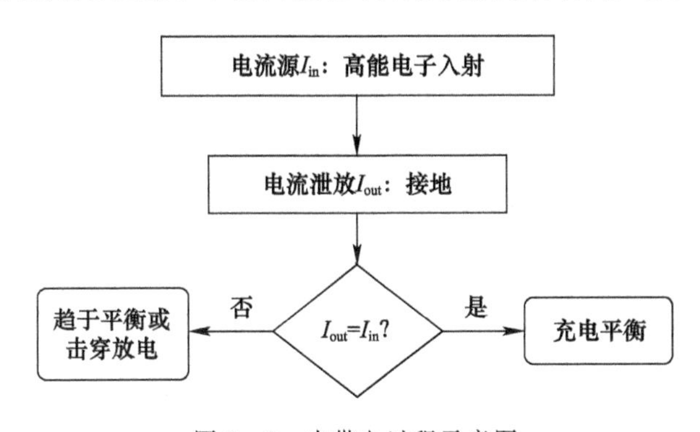

图 3－2 内带电过程示意图

充电过程中,电导率是影响充电结果的关键参数。例如,导体不存在内部带电现象。由于内带电可能产生高达 10^7V/m 量级的电场强度,如此强电场会显著增大绝缘介质的电导率,这就需要考虑电导率与电场强度的耦合作用。一方面,电场强度增大导致电导率随之增大;另一方面,提高电导率会限制电场强度的进一步增大,最终充电收敛到一个稳定状态。不考虑电场强度对电导率的增强作用,将得到不切实际的强电场,这对判断是否发生击穿放电意义不大。除电导率外,介质结构的边界条件也是影响充电过程的关键因素。前期研究多是关注规则接地的介质板充电情况，可由一维仿真得到评估结果。而对于实际中具有一般三维几何形状的介质结构，只有依靠三维仿真，才能实现可靠的充电评估。

3.2 影响内带电的因素

3.2.1 材料电导率

航天器内带电典型介质材料，如聚酰亚胺和聚四氟乙烯，都属于高聚物绝缘材料，其微弱电导的产生机制不能用导体和半导体的能带模型进行定量分析。通常认为此类绝缘介质的电导机理为：介质中性中心被激发而产生载流子，载流子被中性陷阱俘获，并在热激发的作用下从一个稳定状态跳跃至另一个稳定状态，对应产生电导率。该过程受到温度、电场强度和外界辐射作用的多重影响。本章将总电导率表示为辐射诱导电导率 σ_{ric} 与本征电导率 σ_{ET} 之和，即

$$\sigma(E,T)=\sigma_{\text{ric}}(T)+\sigma_{\text{ET}}(E,T) \tag{3-5}$$

辐射诱导电导率是指介质受高能电子辐射导致的电导率增量。辐射过程中产生的电离激发和多次散射会增大载流子浓度，从而产生辐射诱导电导率。J. F. Fowler 等研究人员建立了关于剂量率的指数模型，并得到广泛应用，其表达式为

$$\sigma_{\text{ric}}(T)=k_{\text{p}}(T)\dot{D}^{\Delta(T)} \tag{3-6}$$

式中：$\dot{D}$ 为辐射剂量率（$\text{rad}\cdot\text{s}^{-1}$）；$k_{\text{p}}$ 和无量纲指数 Δ 由材料性质决定，且受到温度影响，Δ 取值范围为 0.5 ~ 1.0。

通常情况下，本征电导率 σ_{ET} 只受到温度的显著影响，但在内带电领域，由于介质充电可能产生强电场（$10^7\,\text{V/m}$ 量级），因此需要考虑强电场对电导率的增强作用。将较低电场（小于 $10^5\,\text{V/m}$）下的本征电导率记为 $\sigma_{\text{T}}=\sigma_{\text{ET}}|E=0$。对于高聚物绝缘介质材料，可采用 Arrhenius 公式来表征 σ_{T} 随温度 T 的变化规律，表达式为

$$\sigma_T=\frac{A}{kT}\exp\left(-\frac{E_{\text{A}}}{kT}\right) \tag{3-7}$$

式中：E_{A} 为电导激活能，通常由实验测得；A 和 k 分别为待定常数和玻耳兹曼常量。

Adamec 与 Calderwood 考虑外加电场对载流子浓度和迁移率的影响，得到强电场作用下的介质电导率公式为

$$\sigma_{\mathrm{ET}} = \sigma_T\left(\frac{2 + \cosh(\beta_{\mathrm{F}} E^{1/2}/2kT)}{3}\right)\left(\frac{2kT}{eE\delta}\sinh\left(\frac{eE\delta}{2kT}\right)\right) \qquad (3-8)$$

式中：两个括号表达式代表强电场对电导率的放大系数；参数 $\beta_{\mathrm{F}} = (e^3/\pi\varepsilon)^{1/2}$ 由介电常数 ε 决定；δ 代表载流子跳跃距离（本项目取值 1.0nm）；$e = 1.6 \times 10^{-19}$C；E 为电场强度。式(3-8)与式(3-6)相加便可得到综合考虑温度、电场强度和辐射剂量影响下的介质电导率，其中式(3-6)为描述 σ_{ric} 的经典公式，已经得到多方验证，而式(3-8)代表的本征电导率在低温下难以实现有效拟合，这就需要后续提出的电导率新公式。

温度为293K时，几种典型材料的参数见表3-1，其中密度对高能电子在介质内部的输运和沉积过程影响显著，ε_{r} 是相对介电常数。

表3-1　几种典型介质材料参数(293K)

材料	密度/(g·cm^{-3})	σ_T/(s·m^{-1})	ε_{r}	k_{p}/(s·m^{-1}(rad·s^{-1})$^{-\Delta}$)	Δ
环氧树脂	1.50	2.5×10^{-15}	3.60	6.50×10^{-14}	1.000
聚酰亚胺	1.50	3.7×10^{-15}	4.80	8.53×10^{-14}	0.713
聚四氟乙烯	2.17	1.0×10^{-16}	2.15	2.00×10^{-14}	0.700

3.2.2 部件的结构与工作状态

航天器上存在具有复杂几何结构的绝缘介质部件，例如SADM内的介质盘环，如图3-3(a)所示，该盘环不仅本身结构复杂，而且与多个金属导电环接触，具有复杂的边界条件。不仅如此，某些介质结构虽然形状简单，但同样存在非规则边界条件。例如，最常见的电路板内带电问题，如图3-3(b)所示，要实现带电水平的准确评估，应该考虑电路板与金属走线的局部接触。只有采用三维仿真才能有效解决此类复杂介质结构的内带电评估问题。

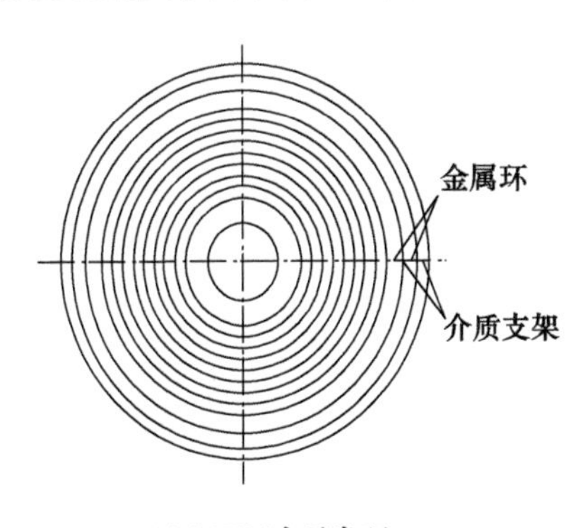

(a) SADM介质盘环

(b) 某电路板

图3-3　具有复杂几何结构的内带电对象

3.2.3 GEO 航天器内带电恶劣充电环境(Flumic3)高能电子辐射能谱

在电荷输运模拟中,高能电子源是一项关键参数。研究人员基于在轨测试数据,得出用于 GEO 航天器内带电评估的高能电子辐射能谱 Flumic3 模型。该能谱模型假设电子积分通量随电子能量增大呈指数降低,即

$$\mathrm{flux}(x) = \mathrm{flux}(2)\exp\left(\frac{2-x}{x_0}\right) \tag{3-9}$$

$$x_0 = \begin{cases} 0.25 & \mathrm{flux}(2) < 10^7 \\ 0.25 + 0.11 \times (\lg(\mathrm{flux}(2)) - 7)^{1.3} & \text{其他} \end{cases} \tag{3-10}$$

式中:flux(x)为能量大于 x(MeV)的电子通量,单位为 $\mathrm{m^{-2} \cdot s^{-1} \cdot sr^{-1}}$。显然,flux(2)的取值是影响 Flumic3 能谱的关键参数。

Wrenn 等研究人员给出高能电子增强事件阈值 $\mathrm{flux}(2) = 3.5 \times 10^8 \mathrm{m^{-2} \cdot s^{-1} \cdot sr^{-1}}$;另外,有文献建议提高到 $\mathrm{flux}(2) = 8 \times 10^8 \mathrm{m^{-2} \cdot s^{-1} \cdot sr^{-1}}$。本章参照卫星 GOES10 和 GOES12 的测试数据,能量高于 2MeV 的相对电子通量如图 3-4 所示(上方箭头代表 TC-1 和TC-2双星出现故障与高能电子增强的对应位置)。经单位换算,可知 flux(2)超过 $10^9 \mathrm{m^{-2} \cdot s^{-1} \cdot sr^{-1}}$有可能持续 48h,为此取 $\mathrm{flux}(2) = 10^9 \mathrm{m^{-2} \cdot s^{-1} \cdot sr^{-1}}$,对应 $x_0 = 0.5209$,此时 Flumic3 电子积分通量能谱如图 3-5 所示。由于电子积分通量随能量升高呈指数降低,且通量降低到一定水平后便不再引发内带电风险,因此对于地球轨道航天器而言,探讨内带电危害过程中所涉及的电子能量一般不超过 10MeV。需要指出的是:该图仅代表 GEO 内带电恶劣充电环境,而不是地球轨道中的最恶劣情况。根据地球辐射带分布,中轨道面临着更恶劣的内带电环境。

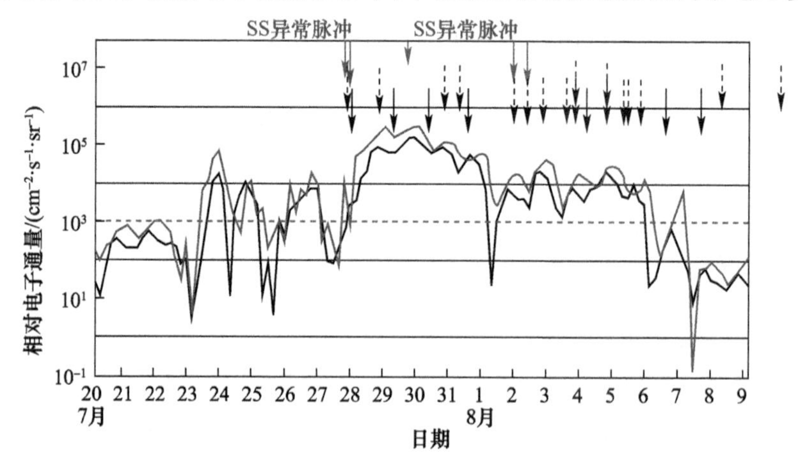

图 3-4 能量高于 2 MeV 的相对电子通量(源于 GOES10 和 GOES12 的测试数据)(见彩图)

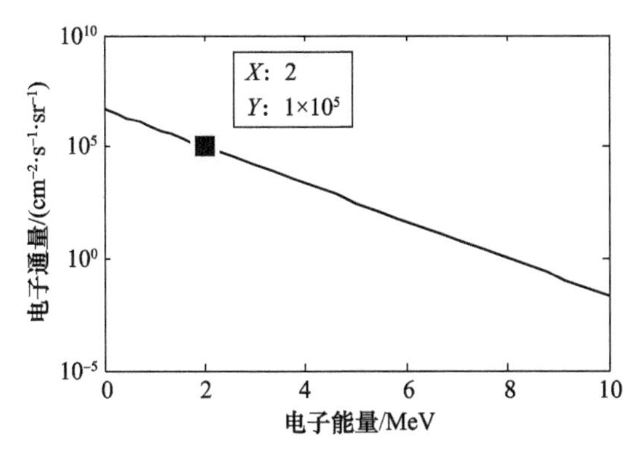

图 3-5 本章采用的 GEO 恶劣充电环境的高能电子积分通量

3.3 用于内带电三维仿真的电荷输运模拟

从内带电机理分析可知,电荷输运模拟是实现内带电仿真的关键环节,它是在微观粒子层面模拟高能电子与靶材料的相互作用过程,从而得到靶材料中的电荷沉积和辐射剂量等输运结果。

3.3.1 电荷输运模拟理论分析

电荷输运过程关注的是每一个入射电子从输运开始到沉积在介质内部或者射穿介质的过程。这一过程涉及大量的碰撞,碰撞点和发生的具体物理效应都是随机的,只能采用蒙特卡罗(Monte Carlo,MC)算法进行模拟。蒙特卡罗算法是一种概率统计方法,虽然每次计算只能得到一个服从该物理过程所代表的某种分布的随机值,但是不断增大计算次数(模拟的粒子数)便可以得出该随机变量的期望值。

Geant 是由 CERN(欧洲核子研究中心)主导开发的用于模拟粒子在物质中输运过程的工具包,Geant 4 是当下的最新版本(2014 年 12 月发布 Geant4 10.1 版本)。Geant 4 采用蒙特卡罗算法,追踪粒子运动轨迹,能够比较真实地模拟粒子输运过程。输运模拟是对每一个入射电子展开的,直到该电子能量耗尽或者穿出介质,称为一个事件(event),每个事件会因为电子电离倍增效应导致其包含多条电子输运轨迹(trace),而每一条轨迹前后两次碰撞的路程称为一个输运步长(step)。某电子输运事件如图 3-6 所示,该 event 包含 3 条 trace,每条 trace 包含 3~4 个 step。记模拟的总电子数为 N_{G4},得到体积为 V_{m} 的某离散单元内的沉积电子数为 n_{m},那么对应的电荷沉积密度 $\rho = n_{\mathrm{m}}e/V_{\mathrm{m}}$,当 N_{G4} 足够大时,ρ/N_{G4} 趋向于某个常数,此时认为满足统计均匀性。对于辐射剂量,亦如此。通过建立屏蔽层及其内部介质结构,可得到存在屏蔽情况下的电荷输运结果。Geant4 的物理模型丰富,适用于各种常见粒子,支持的能量范围从几千电子伏一直达到上百吉电子伏。

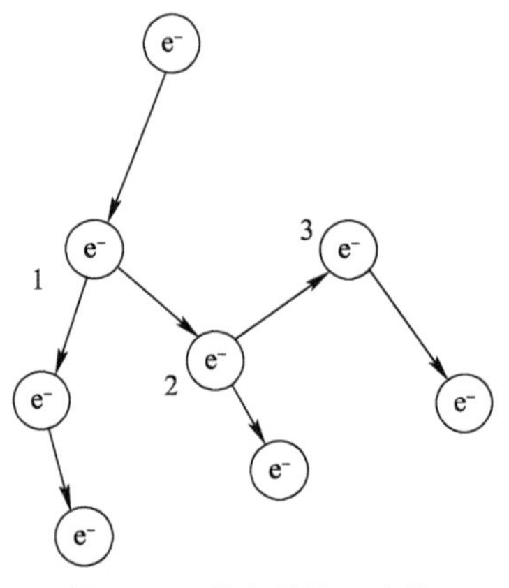

图 3-6 某电子输运事件

3.3.2 电荷输运三维模拟工具

回顾航天器内带电机理,电荷输运模拟必须考虑电离、多次散射和轫致辐射三种物理过程。为此,编写 C ++ 程序,调用 Geant 4 工具包中的相关文件库,并生成可执行程序。从几何建模、网格剖分和物理过程调用等环节入手,得到了电荷输运三维模拟工具,如图 3-7 所示,可实现高能电子辐射下介质中电荷输运的三维数值模拟。

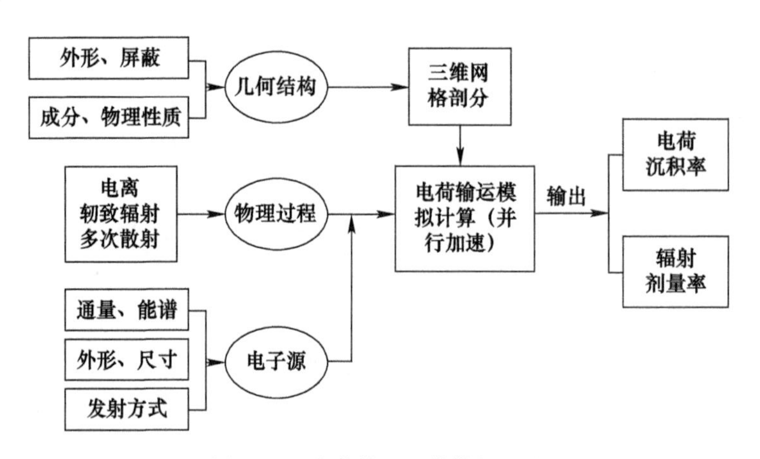

图 3-7 电荷输运三维模拟工具

图 3-7 中几何结构是靶(可以考虑屏蔽层),电子源的设置包括空间位置、入射电子能谱和入射方式(例如各向同性或垂直入射)。通过优化设计,该模拟工具可实现并行快速计算。与一维电荷输运模拟相比,三维模拟的难点在于准

确描述介质结构和输出三维模拟结果。在三维几何模型构建方面，本章采用GDML方案；在结果输出方面，则对几何模型进行六面体网格剖分，统计每个剖分单元的电荷输运模拟数据（如电荷沉积数和辐射剂量），从而得到模拟结果的三维分布。

介质中单位体积电荷沉积率和辐射剂量率是需要重点考察的参量，前者是介质深层充电的电流源，后者影响辐射诱导电导率。记入射电子的通量为f_e（$m^{-2}\cdot s^{-1}$），电子发射源的有效面积为S_r，那么完成N_{G4}个电子入射需要的总时间为

$$\Delta t = \frac{N_{G4}}{f_e S_r} \tag{3-11}$$

进一步换算得到单位体积的电荷沉积率Q_j和辐射剂量率$\dot{D}$为

$$Q_j = \frac{Q_e}{\Delta t},\quad \dot{D} = \frac{D_e}{\Delta t} \tag{3-12}$$

式中：电荷密度Q_e（C/m^3）和辐射剂量D_e（rad）由输运模拟得到。

3.3.3 电荷输运结果与分析

高能电子入射介质后，在介质内部的通量、电荷沉积密度和辐射剂量（单位质量的沉积能量）是最为关键的三个变量。此处，考察电荷输运结果的一般特征，仅比较不同入射情况下的相对特征，因此在N_{G4}取值一定的情况下，对每一幅图中的变量进行了归一化处理。

1. 单能入射情况

介质材料为环氧树脂，电荷输运模拟中取分子式为$C_{156}H_{166}O_{25}N_1Br_{18}$，密度为$1.5g/cm^3$。在电子束垂直入射条件下，分别得到能量为0.5MeV和1.0MeV的单能电子束入射3mm厚度的环氧树脂板的电荷输运结果，如图3-8所示。虽然入射电子是单能的，但是电子并不是沉积在介质内部的同一深度，而是满足一定的分布规律。入射电子能量越大，对应的穿透能力越强。两种能量0.5MeV和1.0MeV对应的射程约为1.2mm和2.8mm。随着入射电子能量线性增大，对应的射程也近似呈线性增大。内部电子通量衰减最快的位置正好对应于电荷沉积密度的峰值位置，即电子沉积最显著的地方一定是入射电子通量下降最快的位置；入射电子能量越大，导致靶材料的辐射剂量越小，这与前面所述Bohr模型得到的高能电子与靶材料之间的作用规律是一致的，这表明输运结果的合理性。此外，得到的辐射剂量曲线与重离子Bragg曲线是不同的，这是因为电子质量远小于重离子，在与靶材料相互作用过程中更容易出现多次散射等过程，其运动轨迹也会受到电子作用产生多次偏转，因而更加容易损失能量，这就导致辐射剂量峰值较Bragg曲线峰值位置更加靠近入射面。

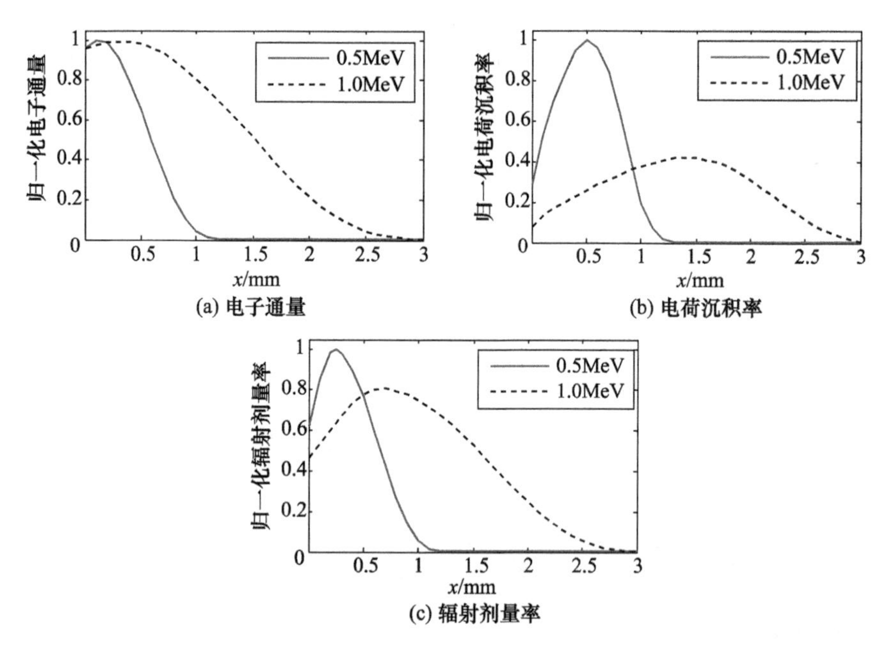

图 3 - 8 不同能量的单能电子束垂直入射介质平板电荷输运模拟结果

作为对比,得到 1.0MeV 电子束按余弦角分布入射的介质平板电荷输运模拟结果如图 3 - 9 所示。余弦角分布入射是指高能电子入射轨迹与入射面的法向夹

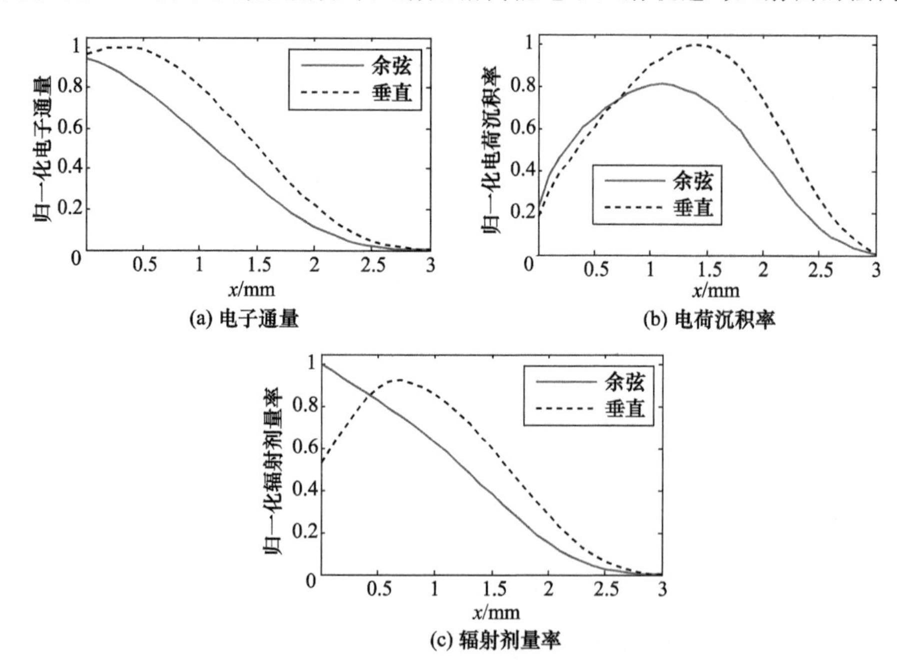

图 3 - 9 不同入射方式的单能电子束入射介质平板电荷输运模拟结果

角为 θ，通过控制 $\cos\theta$ 取值（[0,1]区间内的随机数），来实现高能电子的多方向入射，以近似达到各向同性的辐射环境。

按余弦角入射后，电子通量随深度近似呈线性降低，而垂直入射下该通量会在浅层略微增大然后到一定深度（约 0.4mm）才开始线性下降，余弦角入射对应的穿透深度略低于垂直情况；余弦角入射对应的通量下降梯度小于垂直入射情况，因而对应的电荷沉积密度峰值也低于垂直入射下的结果，且电荷沉积密度峰值位置较垂直入射更靠前；余弦角入射的辐射剂量在一开始便呈现出显著降低。以上三方面描述表明，同等能量下，余弦角入射的电子束穿透能力弱于垂直入射的透射能力，这是容易理解的，仅需要考虑垂直入射对应角度 $\theta=0$，且当 $\theta=\pi/2$ 时，电子只能贴在介质板表面（入射深度为 0）。因此余弦角入射下穿透能力会减弱。又因为余弦角入射过程中有相当可观的一部分电子是近乎垂直射入的，所以二者的穿透深度是接近的。

2. 连续能谱电子入射情况

考虑 Flumic3 高能电子辐射环境，得到环氧树脂介质板内电荷输运模拟结果如图 3-10 所示。与单能电子入射出现内部峰值不同，此处三个变量随入射深度的变化趋势都是单调下降：首先快速降低，然后下降趋势变缓。从相对大小来讲，连续谱电子入射情况与图 3-8 所示的单能电子入射情况类似，余弦角分布入射得到的结果小于垂直入射的对应值，但是二者的差距在连续谱电子入射情况下出现

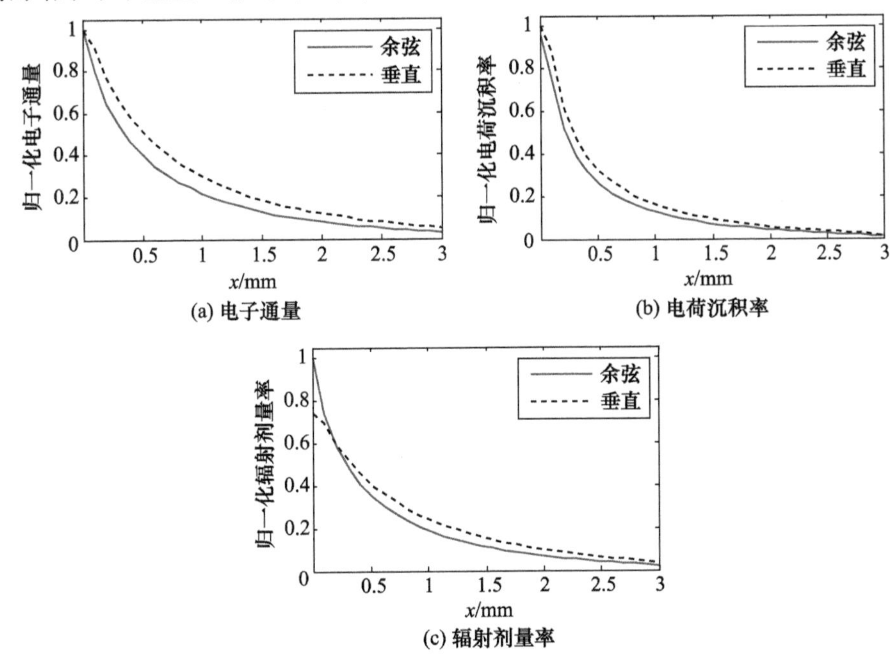

(a) 电子通量　(b) 电荷沉积率　(c) 辐射剂量率

图 3-10　不同入射方式的连续能谱电子入射介质平板电荷输运模拟结果

显著降低。该能谱中的电子通量随能量增大呈指数降低，即电子能量集中在较低能谱，所以造成的辐射效果集中在介质表层附近，且随着深度增大快速衰减。与此同时，该能谱同样包含少部分能量超过 2MeV 的高能电子，这部分电子可以射穿介质板，它们在介质内留下的电荷沉积等输运结果更多体现在 1.5mm 深度之后且随深度变化不大，所以当深度增大到一定程度，各个输运参数随深度变化放缓。又因为连续谱电子束是多个单能电子叠加的结果，所以余弦角入射方式电荷输运结果小于垂直入射的对应值。

3.4 内带电三维计算模型

如绪论所述，为刻画内带电过程，研究人员先后提出了 GR 模型和 RIC 模型，其涉及材料的微观参数较多。RIC 模型被证实为 GR 模型的一种近似，即采用辐射诱导电导率这一宏观参数来表征高能电子辐射产生的载流子微观变化过程。这使得 RIC 模型更加便于工程应用。本节基于电荷守恒定律，考虑介质总电导率（本征电导率和辐射诱导电导率之和）对充电过程的作用，得到用于内带电三维计算的 CCL（charge conservation law）模型。

3.4.1 三维计算模型的控制方程与边界条件

由内带电机理分析可知，内部电荷沉积率 Q_j 是电流源，充电过程满足电荷守恒定律，得到的 CCL 模型的控制方程为

$$\nabla \cdot (\boldsymbol{J}+\boldsymbol{J}_e)=0 \tag{3-13}$$

式中：$\boldsymbol{J}$ 为介质的传导电流密度和位移电流密度之和，且

$$\boldsymbol{J}=\left(\sigma+\varepsilon\frac{\partial}{\partial t}\right)\boldsymbol{E} \tag{3-14}$$

式中：ε 和 σ 分别为介质的介电常数和电导率。

$\boldsymbol{J}_e$ 为高能电子入射导致的电流密度，满足

$$\nabla \cdot \boldsymbol{J}_e=-Q_j \tag{3-15}$$

式中：Q_j 为介质内单位体积电荷沉积率（A/m^3），可写为关于空间位置的表达式 $Q_j(M)$，其中 M 为空间位置坐标。利用电场强度 $\boldsymbol{E}$ 为电位 U 的负梯度，即 $\boldsymbol{E}=-\nabla U$，控制方程式（3-13）实际上是关于未知变量 U 的单变量方程，表达式为

$$\nabla \cdot \left(\left(\sigma+\varepsilon\frac{\partial}{\partial t}\right)\nabla U\right)=-Q_j \tag{3-16}$$

式（3-16）是内带电电位计算的时域三维表达式，式中电导率 σ 受温度、辐射剂量率和电场强度三个参数的影响，又因为这三个参数都是空间位置的表达式，因

此可以将 σ 写成 $\sigma(M,t)$。一维简化模型的控制方程为

$$\varepsilon \frac{\partial}{\partial t}\frac{\partial^2 U(x,t)}{\partial x^2}+\sigma(x,t)\frac{\partial^2 U(x,t)}{\partial x^2}+\sigma'(x,t)\frac{\partial U(x,t)}{\partial x}=-Q_{\mathrm{j}}(x,t) \tag{3-17}$$

式中：$\sigma'(x,t)$ 为 $\sigma(x,t)$ 关于 x 的一阶导数。

已知控制方程，还需结合特定的边界条件来得到定解。对于航天器内带电，通常只考虑绝缘边界和接地边界条件，其表达式为

$$\begin{cases}\boldsymbol{n}\cdot\boldsymbol{J}\big|_{S_{\mathrm{ins}}}=0\\ U\big|_{S_{\mathrm{grd}}}=U_0\end{cases} \tag{3-18}$$

式中：S_{ins} 和 S_{grd} 分别为绝缘边界和接地边界。此处接地代表航天器结构体电位为 U_0。由于 U_0 仅是参考电位，不影响电场强度的计算结果，而且内带电主要考察电场强度来判断是否发生介质击穿放电，所以通常设置 $U_0=0$。对于 $U_0\neq0$ 的情况，只需要在得到的充电电位基础上叠加 U_0，而电场强度并不发生改变。边界条件式(3-18)对应的一维形式为

$$\begin{cases}E(x_{\mathrm{ins}})=0\\ U(x_{\mathrm{grd}})=U_0\end{cases} \tag{3-19}$$

式中：x_{ins} 和 x_{grd} 分别为绝缘和接地边界点。

综上所述，CCL 模型是关于电位的一元偏微分方程，适用于求解一维到三维的时域或稳态充电问题。内带电三维仿真方案如图 3-11 所示，图中箭头代表前因后果的关系。介质的三维结构对电荷输运和电场计算都产生影响。该图仅代表固定温度下的仿真方案。进一步考虑温度对介质电导率的影响，可以分析不同温度下和存在非均匀温度分布情况下的充电规律。

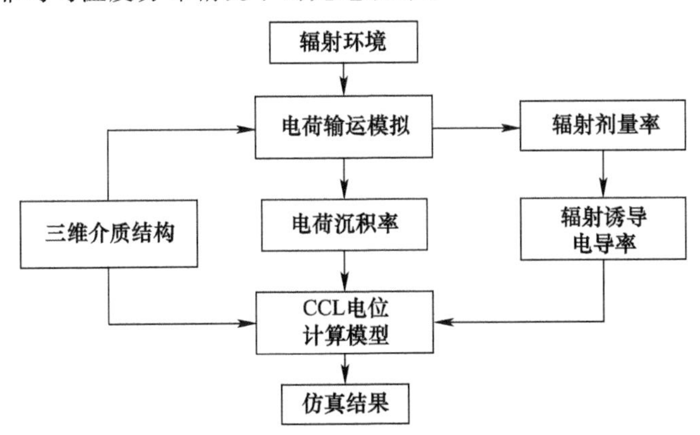

图 3-11　内带电三维仿真方案

3.4.2 CCL 模型的一维数值解法

求解 CCL 模型的难点在于 σ 不仅是温度和辐射剂量率的函数,还会随电场强度增大而增大,而电导率的增大会增强电荷泄放,从而限制电场强度的进一步增大,也就是电导率与电场强度存在耦合。首先得到电导率分布为定值情况下的稳态与瞬态解法,然后提出迭代算法,解耦电场强度与电导率,从而得到完整解。

1. 一维稳态求解

充电平衡时的控制方程为

$$\sigma(x)\frac{\partial^2 U}{\partial x^2}+\sigma'(x)\frac{\partial U}{\partial x}=-Q_{\mathrm{j}} \tag{3-20}$$

对式(3-20)积分可得

$$E(x)=-\frac{\partial U}{\partial x}=-\exp\left(\int_0^x p(x)\mathrm{d}x\right)\left[\int_0^x q(x)\exp\left(-\int_0^x p(x)\mathrm{d}x\right)\mathrm{d}x+c_1\right] \tag{3-21}$$

于是有

$$\begin{cases}U(x)=-\int_0^x E(s)\mathrm{d}s+c_0\\p(x)=-\sigma'(x)/\sigma(x)\\q(x)=-Q_{\mathrm{j}}(x)/\sigma(x)\end{cases} \tag{3-22}$$

式中:待定系数 c_0、c_1 由边界条件得出。

以背面接地的平板模型为例,如图 3-12 所示,得到的边界条件为

$$\begin{cases}U(d)=0\\\left.\dfrac{\mathrm{d}U}{\mathrm{d}x}\right|_{x=0}=0\end{cases} \tag{3-23}$$

对应可得

$$c_1=0,\quad c_0=\int_0^d E(s)\mathrm{d}s \tag{3-24}$$

从而得到模型的定解。

2. 一维瞬态求解——时域有限差分算法

CCL 模型的一维瞬态控制方程为

$$\varepsilon\frac{\partial}{\partial t}\frac{\partial^2 U}{\partial x^2}+\sigma(x)\frac{\partial^2 U}{\partial x^2}+\sigma'(x)\frac{\partial U}{\partial x}=-Q_{\mathrm{j}}(x) \tag{3-25}$$

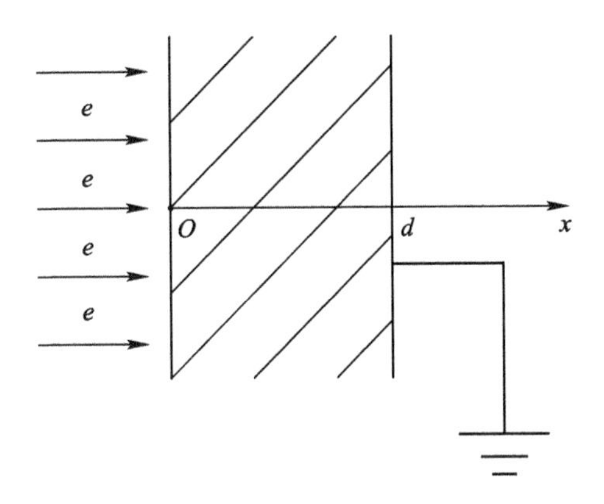

图 3 - 12　背面接地的平板内带电模型

初始条件 $U(x,0)=0$,边界条件为

$$\begin{cases} \left.\dfrac{\partial U}{\partial x}\right|_{x=0}=0 \\ U|_{x=d}=0 \end{cases} \tag{3-26}$$

与稳态解不同,式(3 - 25)难以得到任何解析解,于是采用时域有限差分算法进行求解。将求解区域在空间和时间上分别离散,可得

$$\begin{cases} x=x_i=i\Delta x \quad (i=0,1,2,\cdots,n,n\Delta x=d) \\ t=t_j=j\Delta t \quad (j=0,1,2,\cdots,m,m\Delta t=t_{\text{end}}) \end{cases} \tag{3-27}$$

以横坐标为空间,纵坐标为时间,离散效果如图 3 - 13 所示。记 $U(i\Delta x,j\Delta t)=U_i^j$,$\sigma(i\Delta x)=\sigma_i$,$\sigma'(i\Delta x)=\sigma_i'$,采用前向差分和二次中心差分分别逼近未知变量 U 关于 x 和 t 的一阶和二阶导数,即

$$\frac{\partial U}{\partial x}=\frac{U_{i+1}^j-U_i^j}{\Delta x},\quad \frac{\partial^2 U}{\partial x^2}=\frac{U_{i+1}^j+U_{i-1}^j-2U_i^j}{\Delta x^2},\quad \frac{\partial U}{\partial t}=\frac{U_i^{j+1}-U_i^j}{\Delta t} \tag{3-28}$$

进而可得

$$\frac{\partial}{\partial t}\frac{\partial^2 U}{\partial x^2}=\left(\frac{U_{i+1}^{j+1}+U_{i-1}^{j+1}-2U_i^{j+1}}{\Delta x^2}-\frac{U_{i+1}^j+U_{i-1}^j-2U_i^j}{\Delta x^2}\right)/\Delta t \tag{3-29}$$

代入到控制方程式(3 - 25),并适当化简可得

$$U_{i+1}^{j+1}+U_{i-1}^{j+1}-2U_i^{j+1}=b_i^j,\quad i=1,2,\cdots,n-1 \tag{3-30}$$

$$b_i^j=-\frac{\Delta x^2\Delta t}{\varepsilon}Q_j(i\Delta x)+\left(1-\frac{\sigma_i\Delta t}{\varepsilon}\right)(U_{i+1}^j+U_{i-1}^j-2U_i^j)-\frac{\Delta x\Delta t\sigma_i'}{\varepsilon}(U_{i+1}^j-U_i^j) \tag{3-31}$$

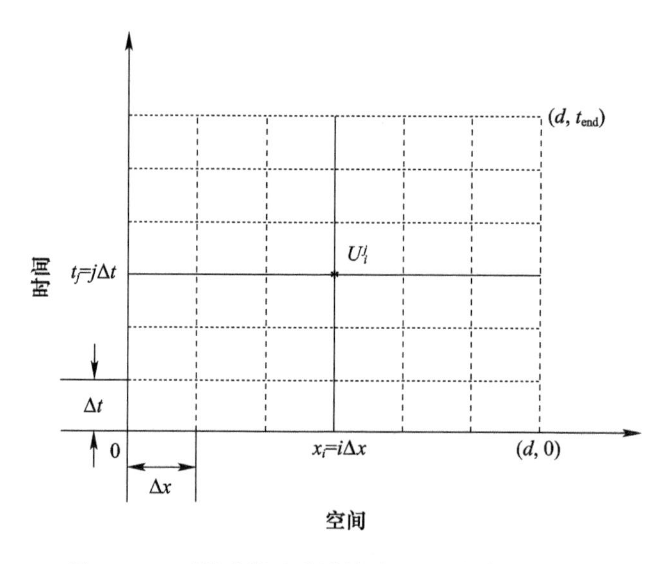

图 3-13 时域有限差分计算过程的空间与时间离散

以上是控制方程的差分格式,在此基础上结合边界条件的离散结果,即

$$\begin{cases} U_1 - U_0 = 0 \\ U_n = 0 \end{cases} \tag{3-32}$$

就可得到一维瞬态求解方程,将其写成矩阵形式为

$$\boldsymbol{A}\boldsymbol{U}^{j+1} = f(\boldsymbol{U}^j) = \boldsymbol{b}^j \tag{3-33}$$

$$\boldsymbol{A} = \begin{bmatrix} 1 & 1 & 1 & 1 & \cdots & 1 \\ 1 & -2 & 1 & 1 & \cdots & 1 \\ 0 & 1 & -2 & 1 & \cdots & 1 \\ \vdots & & & & \ddots & \vdots \\ 0 & 0 & 0 & 0 & 0 & 1 \end{bmatrix}, \quad f(\boldsymbol{U}^j) = \boldsymbol{b}^j = \begin{bmatrix} 0 \\ \vdots \\ b_i^j \\ \vdots \\ 0 \end{bmatrix} \tag{3-34}$$

式中:$A_{n,n} = 0$;$i = 1,2,\cdots,n-1$;$j = 0,1,2,\cdots,m$。

利用式(3-33),瞬态求解流程为:根据初始值 $U_i^0 = 0, i = 0,1,2,\cdots,n$ 得到下一个时间步的电位值 $U_i^1 = 0, i = 0,1,2,\cdots,n$,以新得到的电位更新初始值继续往下迭代求解,直到达到预期的求解时间 t_{end}。

3. 解耦电场强度与电导率的迭代收敛算法

当电场强度超过 10^7V/m 时,电导率会出现显著增大,如图 3-14 所示,其中纵坐标代表增大系数。从充电过程考虑,电场强度增大使电导率增大,而根据欧姆定律,在一定的入射电流密度下,电导率增大会使得电场强度降低。利用这种反馈机理，提出一种迭代算法，如图 3－15 所示。图示参数是迭代求解的关键参数，对于其余参量如介质厚度和介电常数等，在迭代过程中是不变的。

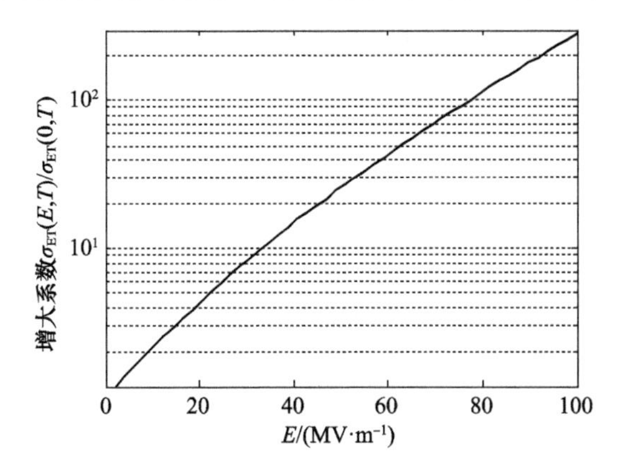

图 3－14　电导率的强电场效应图示（$T=293K$）

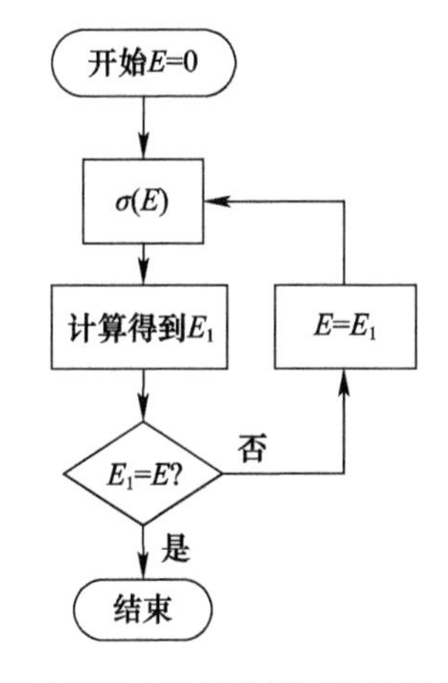

图 3－15　迭代算法流程图

假设在已知电导率分布 $\sigma(x)$ 情况下得到了 CCL 模型的解，即稳态或瞬态解法。初始状态令电场强度 $E=0$，得到固定的电导率分布 $\sigma(x)$，根据 CCL 模型进行求解得到对应的电场强度，然后用新得到的电场强度更新电导率，并再次求解。终止条件判据并不一定是严格相等，而是利用二者的相对误差（2 范数意义上）进行合理判定。对于一维模型，终止条件设置为 $\|\boldsymbol{E}_1-\boldsymbol{E}\|/\|\boldsymbol{E}\|<0.001$，即前后两次迭代计算对应的电场强度以向量 2 范数为度量的相对变化小于 0.001。因为电导率与电场强度正相关，而且电导率增大会限制电场强度的进一步增大，所以该迭代算法是收敛的，从而解决了电场强度与电导率的耦合计算问题。

仿真实验表明，当场强变化范围不超过10^7V/m时，迭代次数不超过10次。需要特别注意的问题：一是"更新E"需要合理处理，以防止导致电导率太大，以致于下一步计算电场强度不能得到正常值；二是输入的参数，如$\sigma(x)$和$Q_j(x)$，需要具有足够高的空间分辨率，必要的时候可以通过合理插值进行加密处理。对于结果验证，可以将U带回控制方程并考察边界条件是否满足。

3.4.3 CCL模型的二维和三维数值解法

对于二维和三维的CCL模型，本节采用Comsol多物理场仿真软件进行求解。Comsol是基于有限元算法的通用计算软件。合理的网格剖分不仅有助于提高计算效率，而且是得到可靠结果的必要条件。从发表的文献来看，目前实现内带电三维仿真的相关报道极少。国外学者提到三维仿真的重要性，但没有给出完整的仿真方案；由于电场强度是判断是否发生介质击穿放电的重要参数，而且电场强度峰值一般出现在介质结构的接地边角的地方。因此对于二维或三维模型，需要特别注意电场强度峰值附近的网格剖分。

根据控制方程式(3-13)和边界条件式(3-18)，利用Comsol的AC/DC模块中的电流物理场，得到的计算设置界面如图3-16所示。在全局定义里利用插值函数，可以将电荷沉积率和辐射剂量率等电荷输运模拟结果代入，分别为电流源和辐射诱导电导率提供必要输入。

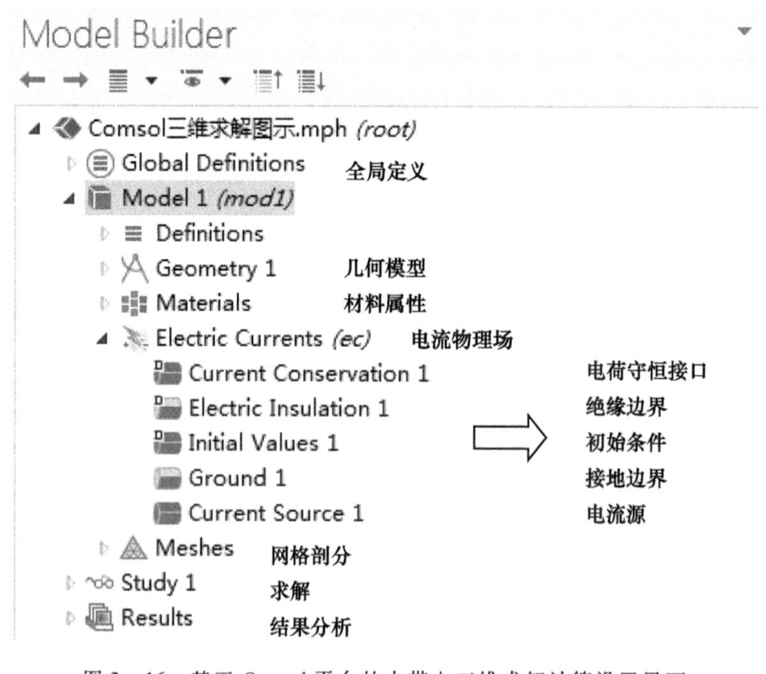

图3-16 基于Comsol平台的内带电三维求解计算设置界面

如图 3－17 所示,利用 Comsol 中的插值函数导入电荷沉积率 Q_j,并作为内带电电流源进行计算,同理可以代入辐射剂量率。计算过程涉及的环境温度和材料参数可以通过全局变量进行合理设置。

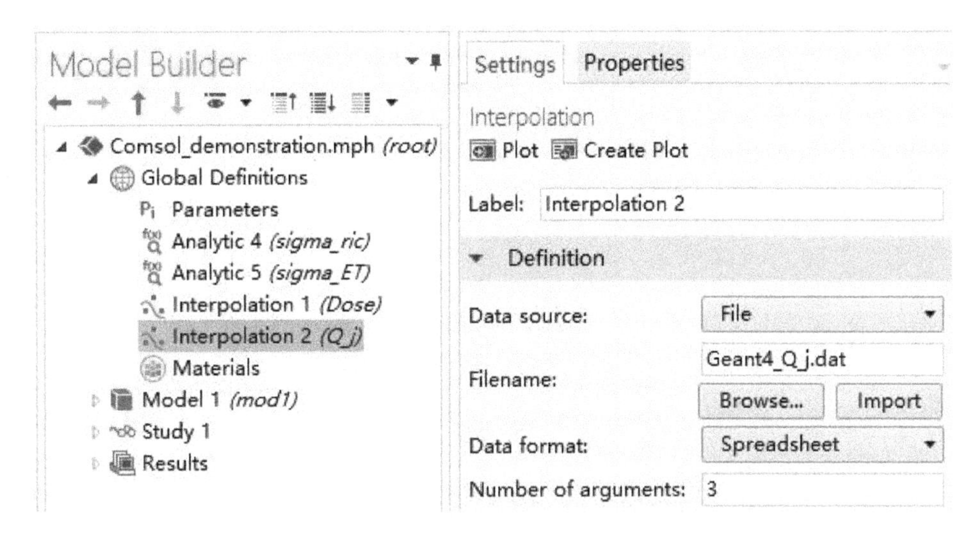

图 3－17　利用插值函数导入 Geant 4 的计算结果 Q_j

虽然内带电计算中通常仅考虑两类边界条件,但是不同几何模型的边界存在较大差异。以 SADM 介质盘环的局部结构为例,其充电源与边界设置如图 3－18 所示。源 Q_j 作用到整个介质区域,而介质与金属板接触的边界才是接地边界,其余为绝缘边界。在设置好输入条件和边界条件后,进行求解。图中 Study 为求解模块,可选择瞬态或稳态求解方式。稳态解对应于充电平衡下的结果,而瞬态解可考察充电过程。

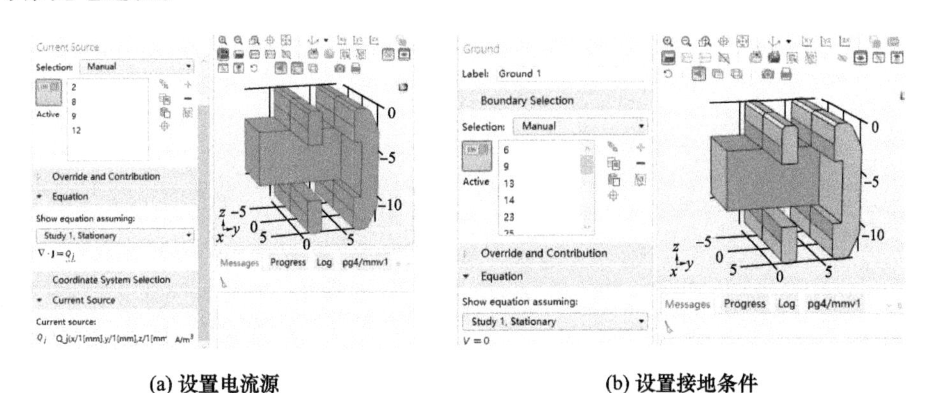

(a) 设置电流源　　　　(b) 设置接地条件

图 3－18　SADM 介质盘环的局部结构充电源与边界设置

3.4.4 CCL 电场计算模型与 RIC 模型的对比分析

如绪论所述,GR 模型与 RIC 模型曾被用来研究介质深层充电现象,二者的对比分析最早见于 Sessler 在 2004 年的相关论文,结果表明 RIC 模型是 GR 模型的合理近似。这里将 RIC 模型与 CCL 模型进行对比分析。不失一般性,选择一维充电情况,首先在理论和数学表达式方面将 CCL 模型与 RIC 模型进行对比分析,然后分别采用这两类模型进行实例仿真分析。

RIC 模型的一维时域模型为

$$\begin{cases} \varepsilon \dfrac{\partial E}{\partial x} = -\rho_{\mathrm{f}} - \rho_{\mathrm{t}} \\ \dfrac{\partial(\rho_{\mathrm{f}} + \rho_{\mathrm{t}})}{\partial t} = \dfrac{\partial J_{\mathrm{e}}(x)}{\partial x} + \dfrac{\partial(\mu\rho_{\mathrm{f}}E)}{\partial x} + \dfrac{\partial(\sigma_{\mathrm{ric}}E)}{\partial x} \\ \dfrac{\partial \rho_{\mathrm{t}}}{\partial t} = \dfrac{\rho_{\mathrm{f}}}{\tau}\left(1 - \dfrac{\rho_{\mathrm{t}}}{\rho_{\mathrm{m}}}\right) \end{cases} \tag{3-35}$$

式中:函数 $J_{\mathrm{e}}(x)$ 为高能电子入射导致的介质内部电流密度;ε 为介电常数;μ 为电荷迁移率;τ 为电荷俘获时间;ρ_{m} 为陷阱密度。RIC 模型由泊松方程、电荷守恒定律和陷阱电荷俘获方程组成,是自由电荷密度 $\rho_{\mathrm{f}}(x,t)$、俘获电荷密度 $\rho_{\mathrm{t}}(x,t)$ 和电位 U(利用变换 $E = -\nabla U$)关于空间 x 与时间 t 的非线性偏微分方程组。初始条件为 $U = \rho_{\mathrm{f}} = \rho_{\mathrm{t}} = 0$,参考式(3-18)可设置电位 U 的边界条件,如背面接地情况下有 $U(d) = 0, \partial U/\partial x|_{x=0} = 0$;考虑到与介质接触的金属或真空中电荷密度均为 0,故 ρ_{f} 和 ρ_{t} 的左右边界都为 0。值得注意的是,虽然 RIC 模型是对 GR 模型在一定程度上的近似,但仍保留了 τ 和 ρ_{m} 等微观参量。

CCL 模型的一维形式见式(3-13)。引入空间电荷密度 ρ,由高斯定理得

$$\varepsilon \frac{\partial E}{\partial x} = \rho \tag{3-36}$$

替换式(3-14)中的位移电流项,并代入式(3-13)可得

$$-\frac{\partial \rho}{\partial t} = \frac{\partial J_{\mathrm{e}}}{\partial x} + \frac{\partial(\sigma E)}{\partial x} \tag{3-37}$$

与 RIC 模型对比可知,当 $-\rho = \rho_{\mathrm{f}} + \rho_{\mathrm{t}}, \sigma = \mu\rho_{\mathrm{f}} + \sigma_{\mathrm{ric}}$ 时,式(3-37)与式(3-35)中第 2 式是等价的。利用 $E = -\nabla U$,得到关于 U 的单变量方程,即

$$\frac{\partial J_{\mathrm{e}}}{\partial x} - \frac{\partial(\sigma \partial U/\partial x)}{\partial x} - \varepsilon \frac{\partial}{\partial t}\left(\frac{\partial^2 U}{\partial x^2}\right) = 0 \tag{3-38}$$

同理,电位 U 初始值为 0,参考式(3-19)可得到模型的边界条件。

RIC 控制方程式(3-35)包含三个待求解变量,而 CCL 模型式(3-13)只有 U,其余变量(如电场强度和空间电荷密度)是 U 的关联变量。在 $\mu=0,\sigma=\sigma_{\text{ric}}$ 且充电平衡条件下(导数项为 0),式(3-35)的第 2 式与式(3-37)是相同的;对于瞬态充电方程,假设 $\rho=-\rho_f-\rho_t$,那么得到的方程亦是相同的。$\mu\neq0$ 代表本征电导率不为 0,于是在 CCL 模型中增加本征电导率对 σ 的贡献,即 $\sigma=\sigma_{\text{ric}}+\sigma_{\text{ET}}$。对于航天器内带电计算,一方面介质材料对应的电荷俘获时间 τ(秒量级)远小于内带电充电时间(小时量级),另一方面介质内陷阱密度 ρ_m 远大于充电平衡后介质中的电荷密度,因此 ρ_f 会迅速转化为 ρ_t,也就是说没必要考虑 RIC 模型中的电荷俘获机制,此时满足假设"$-\rho_f-\rho_t$ 与 ρ 对应",且 $\mu\rho_f\to0$。可见,在二者考虑相同电导率情况下,CCL 与 RIC 模型可得到相同的内带电结果,对于内带电三维仿真,采用 CCL 模型更容易实现三维数值求解。

考虑 GEO 恶劣电子辐射环境,对比 CCL 与 RIC 模型的内带电计算结果。一方面,边界条件设置为背面接地、正面绝缘。综合考虑辐射诱导电导率和本征电导率的影响。取 $\sigma_T=3.74\times10^{-15}$,并在 RIC 模型中考察 μ,取值分别为 $\mu=0$ 和 $\mu=10^{-11}$,其余参数 $\tau=1\text{s}$,$\rho_m=4.0\times10^3\text{C/m}^3$,得到介质背面电位随时间变化结果如图 3-19 所示。该结果表明,μ 的取值从 $0\sim10^{-11}$ 都对结果不产生明显影响,两种模型得到的结果是非常一致的。另一方面,针对正面接地和介质双面接地情况做出对比。令 RIC 模型中 $\mu=0$ 且二者取相同的 σ,再次得到了一致的电位分布结果,如图 3-20 所示。比较来看,背面接地是充电最严重的情况,这与前人得到的规律是一致的。

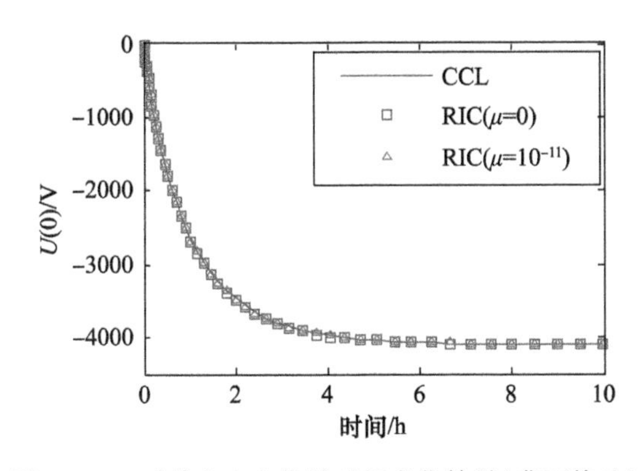

图 3-19 时域充电电位随时间变化结果(背面接地)

CCL 模型与 RIC 模型对比分析如表 3-2 所列。因为额外考虑了电荷俘获机理,所以导致 RIC 模型比 CCL 模型数学表达式更加复杂。又因为内带电评估只关心电位和电场强度,且 CCL 模型可以得到与 RIC 模型一致的计算结果,所以构建的内带电三维仿真方案具有计算效率更高的优势。

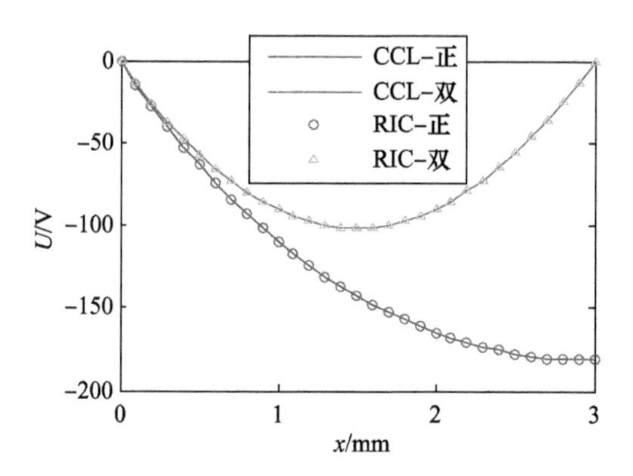

图 3-20 正面与双面接地情况下的电位对比

表 3-2 CCL 模型与 RIC 模型对比分析

<table>
<tr><th>类别</th><th>充电机理</th><th>数学表达式</th><th>边界条件</th><th>是否便于三维计算</th><th>内带电计算效果</th></tr>
<tr><td>CCL 模型</td><td>电荷守恒</td><td>一元偏微分方程</td><td>清晰</td><td>是</td><td rowspan="2">一定条件下充电结果相同</td></tr>
<tr><td>RIC 模型</td><td>电荷守恒与电荷俘获机制</td><td>三元偏微分方程组</td><td>较难设定</td><td>否</td></tr>
</table>

第4章 航天器内带电仿真的实验验证

在开展后续仿真分析之前，应对航天器内带电仿真方法进行实验验证：首先与参考文献中的实验数据进行对比；然后利用内带电地面模拟实验结果进行更加充分的实验验证。地面模拟实验对象包括多层电路板和SADM盘环模拟结构，后者具有显著的三维特征。

4.1 实验验证方案

实验验证方案如图4－1所示，由于地面模拟实验一般只能得到介质表面充电电位，所以验证方法为对比仿真与实验的充电电位。为了对电荷输运模拟结果做出有效验证，首先采用国外同行已经发表的薄层介质内部电荷密度的测试数据进行对比验证。

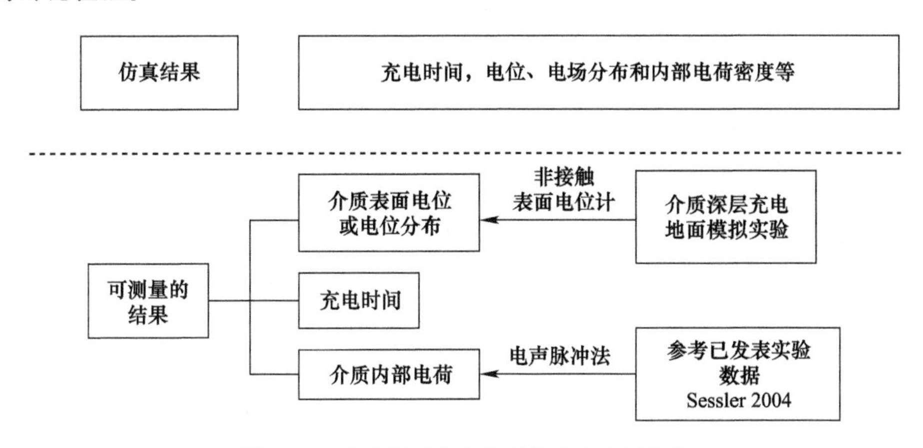

图4－1 介质深层充电仿真的实验验证方案

地面模拟实验验证方案如图4－2所示，分别对多层电路板和具有三维特征的介质结构的深层充电进行地面模拟实验。实验过程中，测量介质的充电电位，得到平板介质中的沿深度的电位分布和模拟SADM介质盘环的表面电位。根据实验条件进行仿真，然后与实验数据对比。

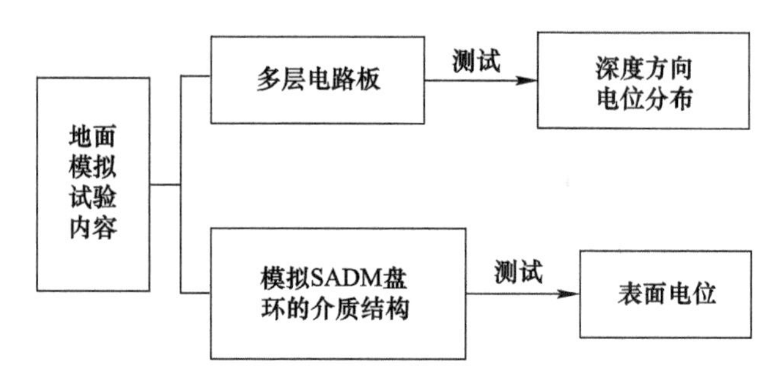

图 4-2 介质深层充电仿真的实验验证方案

4.2 采用公开发表的实验数据进行的验证

实验数据来源:1992 年 Sessler 提出了 RIC 模型,到 2004 年,他在研究 RIC 模型与 GR 模型的等价关系时,给出了实验验证结果。试样为 13.5μm 厚的特氟龙(Teflon)介质板,保持平板背面接地。用能量为 30keV、束流密度为 $2nA/cm^2$ 的高能电子从正面垂直辐射该试样,采用激光诱导压力脉冲(laser induced pressure - pulse,LIPP)测试方法得到充电 50s 时平板内沿厚度方向的电荷分布,如图 4-3(a)中实线所示,该图中的虚线和点线分别代表 GR 模型与 RIC 模型的计算结果。

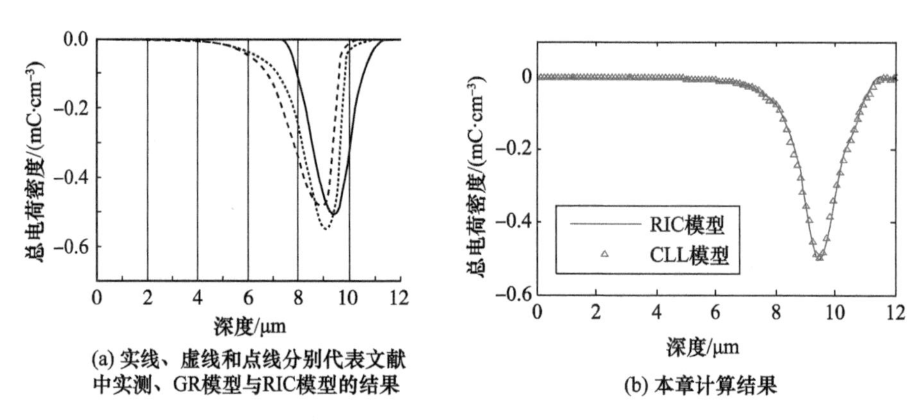

图 4-3 介质中总电荷密度对比,时刻为 50s

按照上述实验条件,首先采用 RIC 模型复现该文献中的 RIC 仿真结果,然后采用 CCL 模型进行计算,并对比结果。

采用第 3 章提出的基于 CCL 模型的内带电仿真方法进行计算。利用电荷输运模拟工具,得到的代表性电荷输运结果如图 4-4 所示,可见 30keV 的高能电子在 Teflon 中的穿透深度约为 10μm。

利用 RIC 模型计算电位,涉及三个待求解变量。电位由背面接地设定边界条件，其余两个变量 ρ_f 和 ρ_t 在接地边界时 $\rho_f=\rho_t=0$。电导率取值为本征电导率与辐射诱导电导率之和，其余参数与文献中一致，即 $\mu=2\times10^{-15}m^2V^{-1}s^{-1}$，$\tau=1s$，$\rho_m=4\times10^3C\cdot m^{-3}$。得到充电时刻 50s 对应的介质板内电荷分布，如图 4－3 所示，通过对比可见较好地复现了 Sessler 的计算结果。

下面验证 CCL 模型的计算结果。由第 3.4.2 节所述的瞬态解法得到相同充电时刻下的电荷分布，如图 4－3(b) 所示。CCL 与 RIC 模型的计算结果是几乎完全相等的，而此处 RIC 模型的结果较好复现了参考文献中的仿真结果，而且参考文献是经过实验验证的，因此验证了本章基于 CCL 模型的仿真结果。直接对比 CCL 模型结果与参考文献中的实验数据，也可以实现实验验证。图 4－3 所示的对比结果不仅验证了前述仿真方案（包括电荷输运模拟和 CCL 模型以及 RIC 模型的求解）是正确的，还继 3.4.4 节之后再次表明 CCL 模型与 RIC 模型在一定条件下可以得到相同的内带电结果。

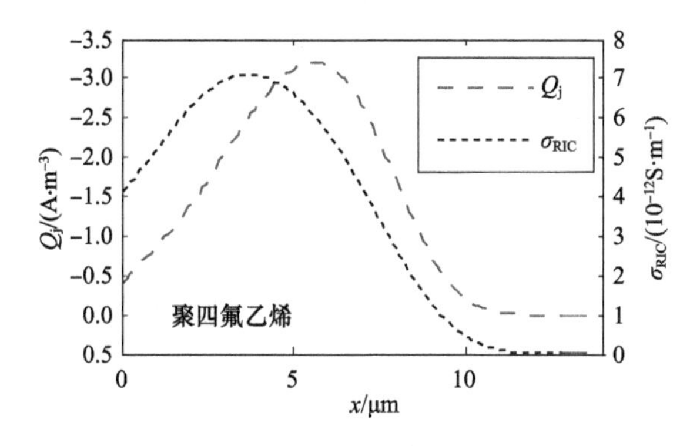

图 4－4　单能入射电子的代表性电荷输运结果

4.3　电路板内带电实验验证

上述文献中的数据仅是针对 13μm 厚的介质薄板，而实际中的内带电对象尺寸往往达到毫米量级，为此补充实验验证。电路板是航天器内带电的典型介质结构，当考虑沿深度方向的充电结果时，可以将其近似为一维充电模型。由于实验无法直接测量介质内部电位或电场，所以采用多层电路板试样，以得到深度方向的电位分布。

4.3.1　实验方案

多层电路板试样照片如图 4－5(a) 所示，该试样是覆铜层与 FR－4（环氧玻璃布层压板）的叠合结构，总厚度为 3mm，包含 8 个厚度为 9μm 的覆铜层。第 1 层和第 8 层分别位于电路板的上、下表面，其余沿厚度方向等间距分布。所有覆铜层均为圆形,从而尽量避免尖端放电。对各覆铜层引出电极,以便测试每层的充电电位。

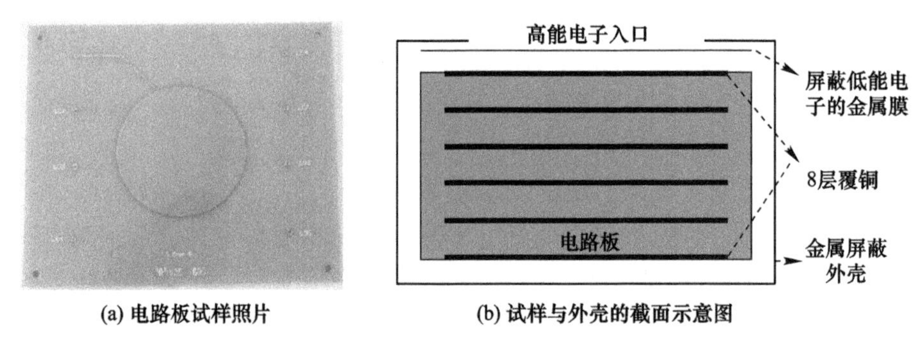

(a) 电路板试样照片　(b) 试样与外壳的截面示意图

图 4-5　电路板试样与外壳结构示意图(见彩图)

电路板深层充电实验系统如图 4-6 所示。电子加速器可产生能量为 0.1~2.0MeV、束流密度为 0.1~100pA/cm^2 的电子束,均匀辐射束流截面达到 30cm×30cm。真空室为圆柱形(直径为 150cm,高度为 200cm),其内放置样品台(靶台)。实验中,加速器与真空室保持真空连接,高能电子束垂直入射电路板试样。为准确限定电子对电路板的入射范围,将试样放置在单面开口的金属壳体中,如图 4-5(b)所示,壳体材料选用不会造成次级辐射效应的特殊铝材。为滤除可能存在的低能电子,在入口处加装金属薄层,它不仅对高能电子入射的影响忽略不计,而且可以有效阻止低能电子。通过引出电极,采用非接触式表面电位计(Trek 341)测试得到电路板中各个金属薄层的充电电位。该电位计量程为 0~±20kV,精度为 ±0.1%,分辨率为 1V,1kV 电压变化响应时间小于 200μs。实验流程如下:

(1) 电位计校准和标定;

(2) 安装电路板试样,将电路板试样正面和外侧金属壳接地;

(3) 保持真空度优于 10^{-4} Pa,调整高能电子能量和束流密度,对试样进行辐射;

(4) 测量各覆铜层电位并监测是否发生放电,记录充电平衡电位;

(5) 如果发生放电,就停止辐射,记录放电电位,待介质内电荷泄放后,补充测试。

真空室内温度为(293±1)K,电子能量为 1.5MeV,束流密度为 1pA/cm^2。在该能量和束流密度情况下,未监测到放电。设置电路板正面接地,可以进一步避免较低能电子和可能的二次电子对电路板表面充电的影响,从而得到真实的深层充电结果。电位测试中,固定电位计探头到测试表面的距离与实验前的标定距离一致,以便进行实验数据处理,得到准确的电位分布结果。根据电位分布,通过计算

$$E_i = \frac{U_i - U_{i-1}}{\Delta x}, \quad i = 1, 2, \cdots, 7 \tag{4-1}$$

来得到电路板内的电场强度分布，其中 $\Delta x = 0.428\text{mm}$ 代表每层介质的厚度。

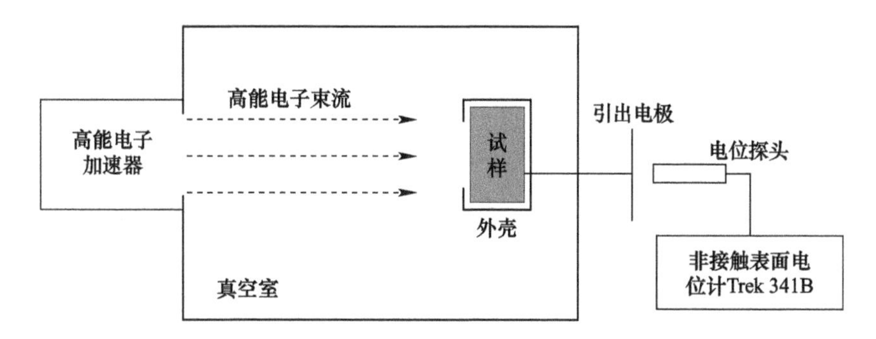

图 4-6　电路板深层充电实验系统

4.3.2　仿真方案

参照实验进行仿真分析。虽然试样中的 9μm 覆铜层相对于 3mm 厚的 FR-4 平板来讲可以忽略不计，但由于铜的密度显著大于 FR-4 的密度，电荷输运在二者交界面处容易出现非线性波动。因此，在电荷输运模拟中，严格按照真实的试样结构进行建模，得到电荷输运模拟结果如图 4-7 所示。由于仿真对高能电子束的可控性更强，所以不再需要实验中控制辐射区域的试样外壳，但保留了入口处的金属膜。

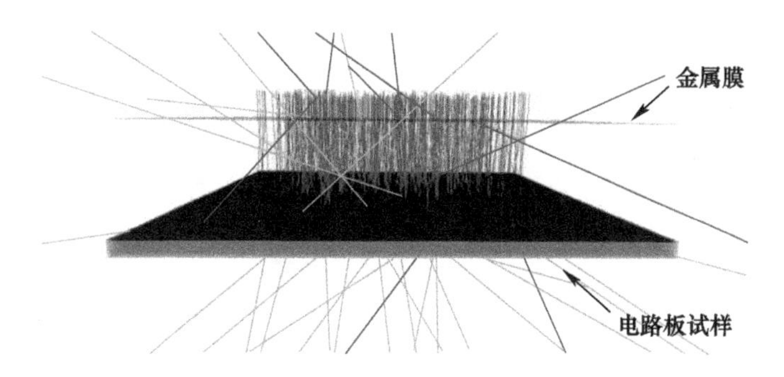

图 4-7　电路板中电荷输运模拟结果（见彩图）

FR-4 材料的内带电相关参数见表 4-1 和表 4-2，其中密度和样品成分对电荷输运结果产生较大影响，σ_T 代表 293K 下的 FR-4 本征电导率，相对介电常数 ε_r 决定充电时间，但不影响充电平衡电位。另外两个参数 k_p 和 Δ 影响介质的辐射诱导电导率（式（3-6））。

表 4-1　FR-4 材料的内带电相关参数（温度 293K）

密度/(g·cm^{-3})	σ_T/(S·m^{-1})	k_p/(S·m^{-1}(rad·s^{-1})$^{-\Delta}$)	Δ	ε_r	E_A/eV
1.78	2.0×10^{-15}	8.35×10^{-14}	0.9	3.5	1.0

表 4-2 FR-4 样品成分

元素组分	H	C	O	Si
质量比	0.3629	0.1484	0.4311	0.0576

为了减少计算量,仅在接受电子入射的柱体内沿径向和深度方向划分网格,如图 4-8 所示,径向单元尺寸为 1mm,深度方向单元尺寸为 9μm(与覆铜层厚度一致),在与径向和深度方向垂直的第三维度上取一定的网格厚度(2mm),从而得到三维网格剖分。由于网格细分度很高,为了获得更为精确的计算结果,设置模拟粒子总数高达 15 亿,即 $N_{G4}=15\times10^8$,能够达到统计均匀条件。其他参量$S_r=0.0009\pi m^2$,$f_e=6.25\times10^{10}\ s^{-1}\cdot m^{-2}$。

从充电机理考虑,在特定的电荷沉积情况下,覆铜层仅是保持该层为等电位,又因为覆铜层厚度与电路板整体厚度相比可以忽略不计,所以在 CCL 模型中选择 FR-4 介质部分进行仿真。充电源为通过电荷输运模拟得到的内部电荷沉积率 Q_j,设置正面接地,其余为绝缘边界。根据本征电导率实测数据,并叠加辐射诱导电导率来得到仿真中的介质电导率取值。取值规则与式(3-5)一致,即考虑了电场强度对电导率的增强作用。

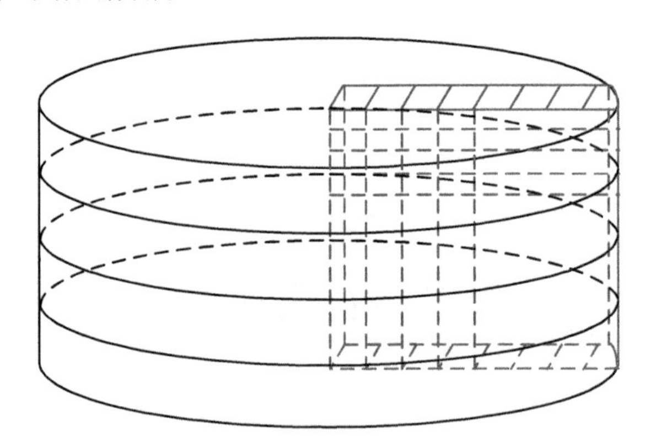

图 4-8 电荷输运模拟区域的网格划分

4.3.3 仿真结果与实验数据的对比分析

有无覆铜层两种情况下沿电路板深度方向的电荷输运模拟结果对比如图 4-9 所示。由图可见,电荷输运结果在覆铜层附近出现了较大波动。1.5MeV 的高能电子对应的电荷沉积峰值深度达到 2mm 以上,辐射剂量率的峰值深度约为 1.7mm。对比有无覆铜层两种情况,有覆铜时得到的 Q_j 和辐射剂量率峰值稍大,且峰值对应的入射深度较小。这是因为覆铜层的存在,增大了高能电子入射的阻力,使得电子穿透深度降低。

根据辐射剂量率和表 4-1 中参数得到的辐射诱导电导率如图 4-10 所示,该

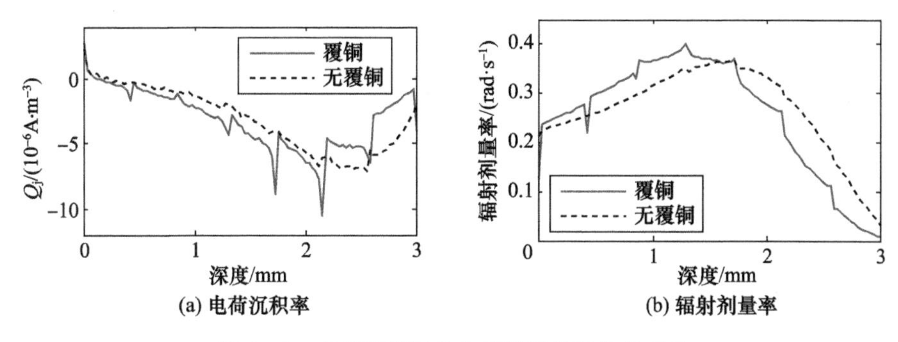

图 4－9　有无覆铜层的电荷输运模拟结果对比

值显著大于本征电导率 $\sigma_T|_{T=293K}=2\times10^{-15}$S/m，这说明辐射诱导电导率是电导率的主导因素，对充电结果产生重要影响。与此同时，覆铜层附近的辐射诱导电导率同样出现一定波动。为了不埋没覆铜层附近电荷输运波动对充电结果的影响，将覆铜层附近网格加密，如图 4－11 所示，满足局部网格细度不大于电荷输运模拟中的网格细度（0.9μm）。

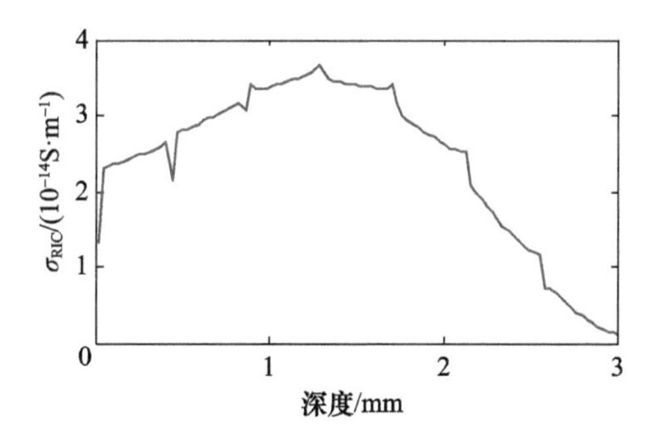

图 4－10　电路板中沿深度方向的辐射诱导电导率

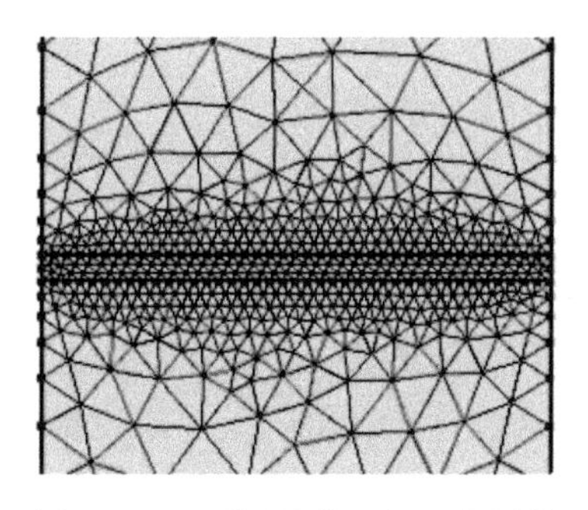

图 4－11　覆铜层附近的网格划分

沿深度方向取仿真结果与实验数据进行对比。如图 4－12 所示，虚线加三角标志的代表实验结果，每个三角形标志代表一个数据点；实线代表仿真结果，它的空间分辨率很高,与图 4 - 11 所示的网格剖分细度保持一致。从电位分布图可知,介质正面($x=0$)保持零电位,满足正面接地的边界条件。随着深度增大,充电电位(幅值)逐步增大,到介质背面达到电位峰值。仿真与实验结果是十分接近的,最大电位偏差出现在介质背面,即仿真峰值的 -578V 和实验的 -737V,但是该偏差的相对幅度也仅是 21%,所以仿真达到了较高的精度。这里需要指出的是:考虑到材料电导率测试和束流密度监测存在的误差以及试样制备精度等不确定因素,仿真与实验结果之间小于 50% 的相对偏差都认为是理想结果。

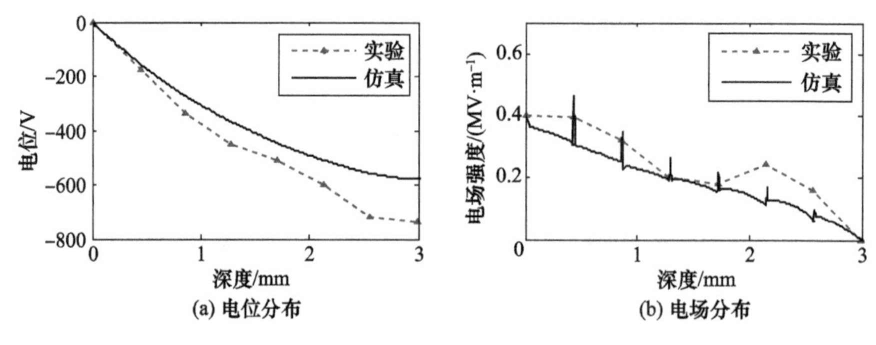

图 4 - 12　实验与仿真的充电结果对比

虽然电位较好的一致性决定了电场强度必然不会偏差太大,但是仅对比电位分布仍然是不充分的。这不仅是因为内带电更关注电场强度的大小,以判断是否发生介质击穿放电,而且是由于从电场分布可以更加清楚地显示出内部覆铜层对充电的影响。产生的局部电场分布如图 4 - 12(b)所示,由于覆铜层导致电荷输运结果的局部波动,最终形成局部电场畸变。除去畸变值,场强峰值出现在接地边界,这与先前的研究结果是一致的。整体来讲,实验与仿真的充电规律是相同的,得到的电位和电场结果十分接近,这验证了仿真方案的正确性。

4.3.4　仿真拓展研究

上述实验中,多层电路板中没有接地的覆铜层相当于悬浮导体。根据图 4 - 9 所示的电荷输运结果,在正面和背面接地两种情况下,考察悬浮导体对内带电的影响,充电结果对比分别如图 4 - 13 和图 4 - 14 所示。

首先分析正面接地情况,这与实验中的边界条件是相同的。这种情况下,有无覆铜层对充电结果的影响不大。同等厚度下,多层电路板内的覆铜层可以适当降低充电电位;除覆铜层附近的电场畸变外,多层电路板的电场强度低于单层情况。分析可知,接地点处的电导率对该处的电场强度影响显著,覆铜层使得辐射剂量峰值向介质正面偏移,正面及其附近对应的辐射剂量率增大,从而辐射诱导电导率增大,导致正面和附近电场强度降低,电位也就适当降低。

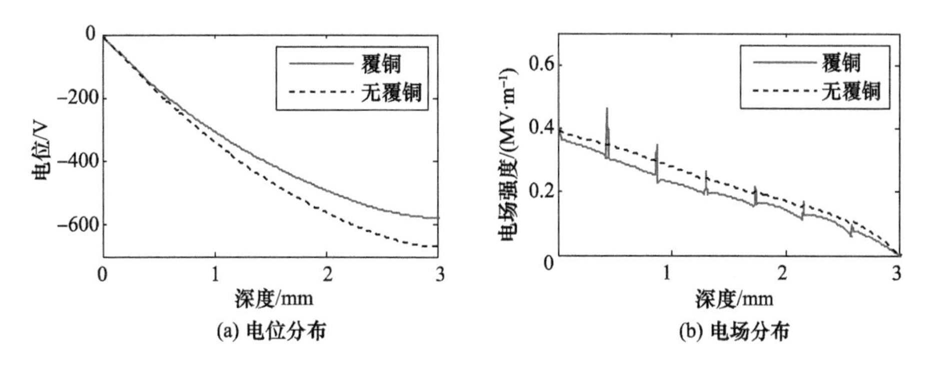

图 4-13 正面接地情况下有无内部覆铜层的充电结果对比

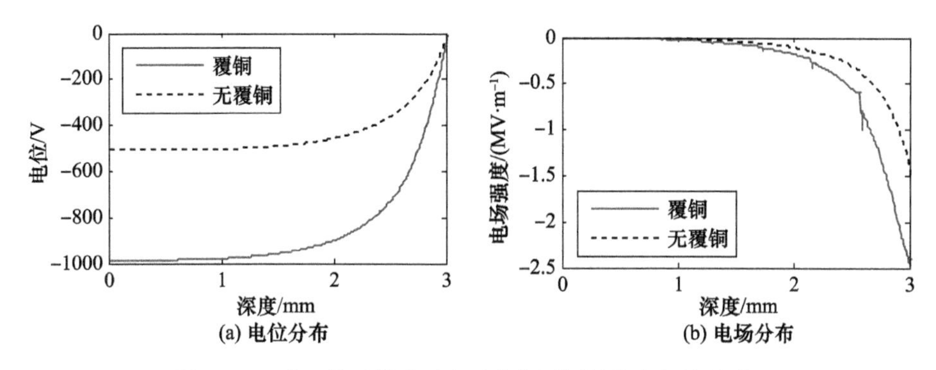

图 4-14 背面接地情况下有无内部覆铜层的充电结果对比

然后分析背面接地情况,覆铜层的存在使得充电结果显著增大。两种情况的电位峰值都出现在电路板正面,电场峰值出现在背面。存在覆铜的电位峰值(-986V)几乎达到无覆铜峰值(-503V)的2倍,对应的电场强度也存在较大偏差。分析可知,在背面接地情况下,单能电子入射的沉积峰值位置越浅,对应的背面辐射剂量率越低,辐射诱导电导率越低,背面电场强度越高。而由于覆铜层的存在(如图4-9所示),使得辐射剂量峰值前移,所以充电结果更加严重。

利用相同的电荷输运模拟结果,得到覆铜层接地情况下深层充电结果如图4-15所示。可见通过多层接地,可以显著降低充电水平,得到的电位峰值不超过-10V,对应的电场模值不超过10^5V/m,此时基本不需要考虑内带电威胁。

以上讨论表明:在单能电子入射情况下,介质中存在悬浮导体会显著加重背面接地电路板的内带电程度;采用双面接地和多层接地(覆铜层全部接地)是缓解内带电的有效方法。真实的多层电路板并不是某个深度的全部覆铜,而是局部存在金属走线,由此处的仿真结果可知,应当保证不出现内部悬浮的金属走线,从而为电路板内部沉积电荷提供有效的泄放通道。

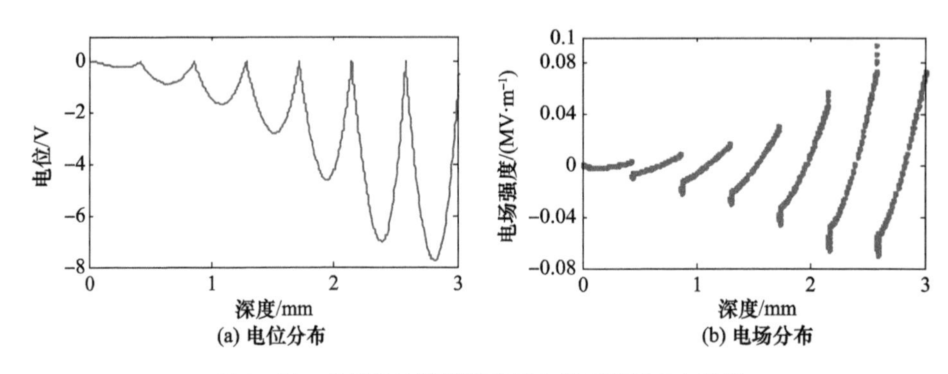

图 4 - 15　多层接地情况下多层电路板深层充电结果

4.4　SADM 盘环模拟结构内带电实验验证

为了展示所提出方案的三维仿真能力,特别制备了具有三维结构特征的介质试样,开展以下实验和仿真研究,不仅实现对仿真结果的实验验证,而且将仿真与实验相结合,突出仿真对实验的指导作用。

4.4.1　实验背景与试样制备

太阳电池阵驱动机构(SADM)是卫星电源的关键部件,其内部存在尺寸较大的介质盘环体。研究盘环体内带电是 SADM 抗辐射加固的关键环节。已知介质电导率和特殊结构都会影响内带电结果。为了考察结构特征对充电的影响,研制了聚酰亚胺基掺杂氧化锌的介质材料,其中氧化锌占总质量的 35% ,将该材料命名为 YS20 - ZnO。制作了挡边宽与窄两种构型的试样,其照片如图 4 - 16 和图 4 - 17所示。

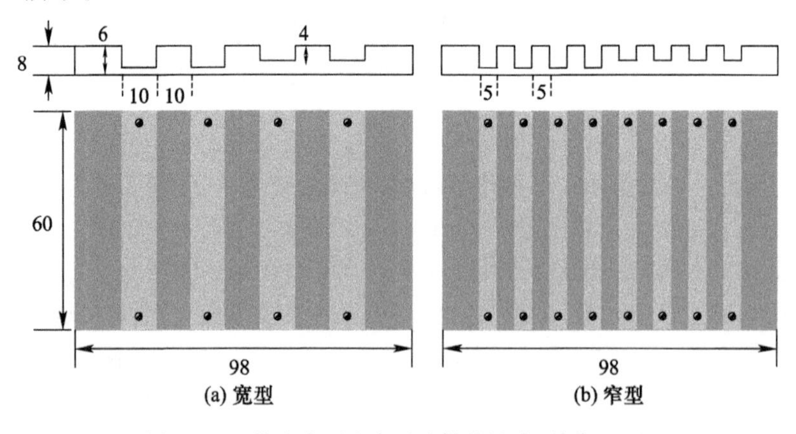

图 4 - 16　挡边宽型和窄型试样的尺寸(单位:mm)

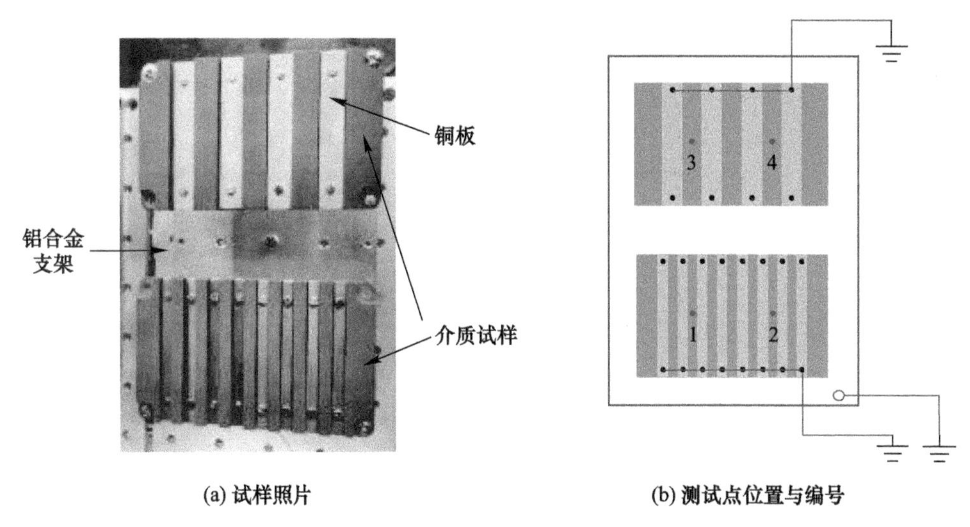

图 4-17　样品台上试样摆放照片与电位测试点编号

每个试样的外围尺寸都为 98mm×60mm×8mm。根据介质挡边宽度，挡边试样分为 10mm 的宽挡边试样与 5mm 的窄挡边试样。相邻介质挡边的沟槽内铺设 2mm 厚度的铜板，与介质密切接触。同一块试样左右两边的沟槽深度不同，左边深的为 6mm，右边浅的为 4mm。这些试样是实际 SADM 盘环体的局部近似，其中铜板模拟 SADM 导电环。试样预处理包括用无水乙醇擦洗和 24h 热真空烘烤（真空度优于 10^{-4}Pa，温度 80℃）。一次实验中，构型不同的两块试样放置在真空罐内的样品台上，如图 4-17 所示，测试如图 4-17(b) 标注的 4 个监测点处表面电位。

4.4.2　实验与仿真方案

1. 实验方案

采用与前述实验相同的设备，加速器和真空实验系统如图 4-18 所示，其中法拉第筒连接束流积分仪，来测试电子束流密度。将各个试样挡边中间的铜板分别串联后接地，利用示波器实时监测接地线电流来判断是否发生静电放电；将介质试样固定在靶台，使高能电子束能够垂直入射介质表面。为了方便测试，选择感应点位于侧面的电位计探头。调整机械臂，使探头感应点能够在距离试样表面 5cm 的平面内平移。

考虑到介质表面的凹凸结构和沟道中作为衬底的接地铜板，介质表面电位不可能是均匀分布的，因此在距离试样表面 5cm 处的测试电位实际代表介质表面电位到测试点处的综合结果。调整电子束的能量为 2MeV，束流密度为 5pA/cm^2，打开加速器与真空罐之间的金属挡板，开始计时，每间隔 15min 测试一次，直到充电达到平衡，得到稳态充电结果。实验温度为(23±3)℃，真空度优于 6.0×10^{-5}Pa。

实验过程中若未监测到放电电流，则认为无放电发生。

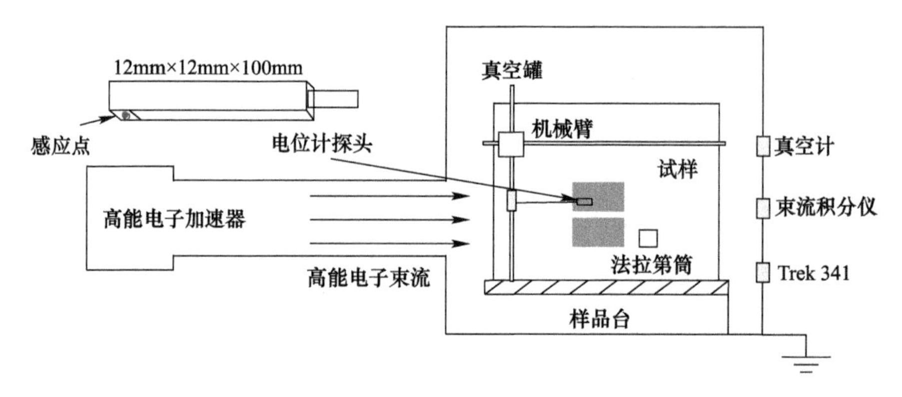

图 4－18　加速器和真空实验系统

2. 仿真方案

根据材料参数和实验条件进行仿真。经称重，YS20－ZnO 密度为 1.87g/cm^3。针对混合物进行电荷输运模拟，需要合理设置各组分及其比例关系，如图 4－19 所示，其中氧化锌的密度为 5.606g/cm^3，分子式为 ZnO。采用单能 2.0MeV 电子束垂直入射试样，利用对称性，只需模拟试样的一半，如图 4－20 所示，模拟总粒子数为 N_{g4}，束流密度为 5pA/cm^2。建立电位计算模型如图 4－21 所示，除试样之外，计算域还包括试样支架结构和四周空气，从而可以得到如图 4－22 所示的电位计探头位置的充电电位。计算域底面接地代表金属支撑结构的接地边界，另外考虑到实验中的铜板是接地的，因此在仿真中将介质试样与铜板的接触边界设置为接地。

```
<material formula="ZnO" name="ZnO" >
 <D value="5.606" />
 <composite n="1" ref="eZn" />
 <composite n="1" ref="Oxygen" />
</material>
```

(a) 氧化锌分子式

```
<material formula="fZOkapton" name="ZOkapton" >
 <D value="1.87" />
 <fraction n="0.65" ref="Kapton" />
 <fraction n="0.35" ref="ZnO" />
</material>
```

(b) 掺杂后材料组分

图 4－19　聚酰亚胺掺杂氧化锌得到的混合物材料参数

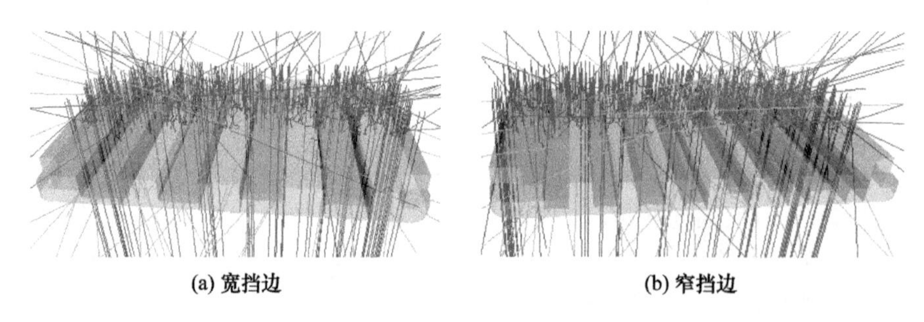

(a) 宽挡边　　(b) 窄挡边

图 4－20　试样电荷输运模拟图示（见彩图）

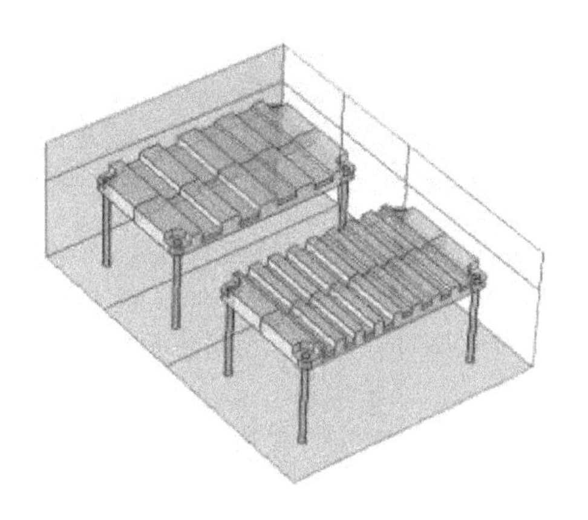

图 4－21　仿真中电位计算模型

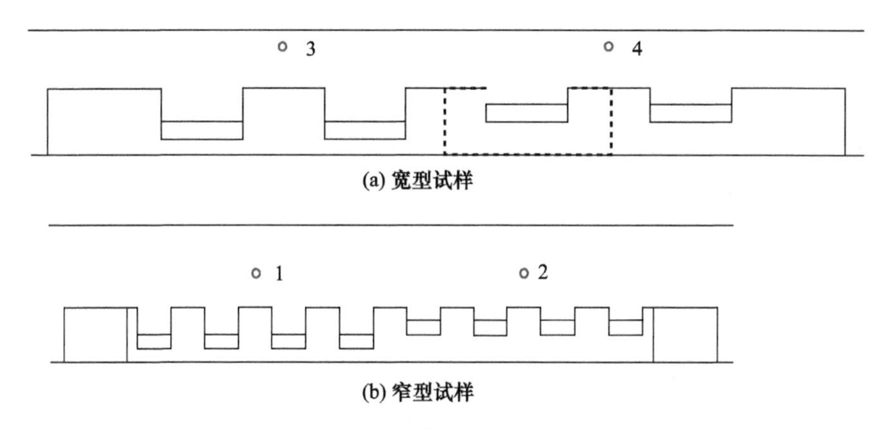

图 4－22　宽型和窄型试样的电位取值点

4.4.3　仿真与实验结果的对比验证

考虑到该试样的显著三维特征，有必要考察试样中电荷输运结果的三维分布。由于试样关于 y 方向（顺沟槽方向）是对称的，于是以 $y = 15\text{mm}$ 截面为代表，宽型和窄型试样的电荷输运模拟结果分别如图 4－23 和图 4－24 所示。在能量为 2MeV、束流密度为 5pA/cm^2 的高能电子垂直入射情况下，YS20－ZnO 材料中的电荷沉积率幅度达到 10^{-5}A/m^3 量级，辐射剂量率峰值达到 1.5rad/s。2MeV 的高能电子对应一定的沉积深度，且不超过介质厚度 8mm。电荷输运结果体现出了横截面介质轮廓，即表面沟槽真空区域的输运结果近似为 0，可以忽略不计。从变量分布的相对大小来说，不同材料对应的电荷沉积率 Q_j 是显著不同的，如图 4－24(a) 所示，沟道底部位置的铜板电荷沉积率显著大于挡边位置 YS20－ZnO 对应的数值。由 Bohr 模型可知，能量转移与密度成正比，而电荷沉积量与能量转移正相关，因此密度显著大于 YS20 - ZnO 的铜板内 Q_j 更大。相比之下,辐射剂量率的差别并不大,这是因为 Q_j 是单位体积内的统计量,而辐射剂量是指单位质量内的沉积能量(材料吸收的能量),虽然铜的密度大,但是同等质量的 YS20 - ZnO 材料对应的体积更大,从而在相同的辐射环境下,二者对应的辐射剂量率是接近的。

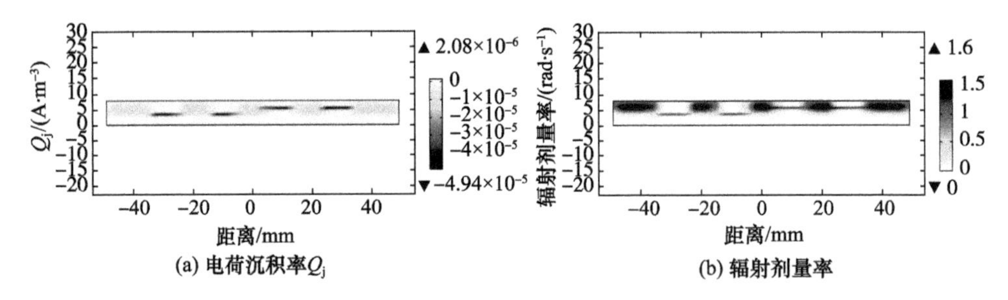

图 4 - 23 电荷输运模拟结果的切面分布(宽型试样)(见彩图)

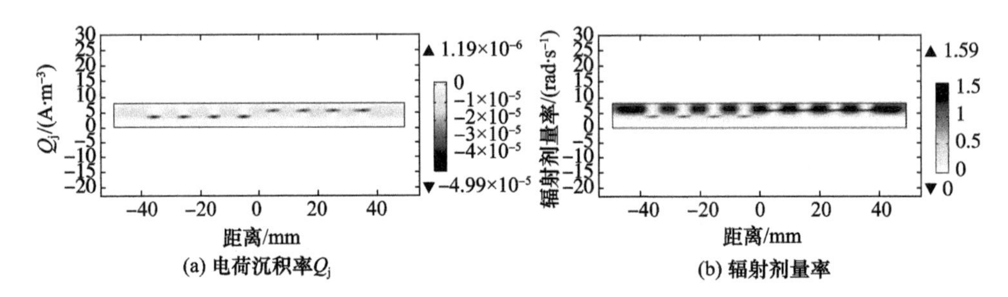

图 4 - 24 电荷输运模拟结果的切面分布(窄型试样)(见彩图)

YS20 - ZnO 是由聚酰亚胺掺杂氧化锌得到的。以宽型介质试样中部沿入射深度方向输运结果为代表,考察掺杂前后的电荷沉积率和辐射剂量率如图 4 - 25 所示。掺杂导致介质密度增大,抗击电子击穿的能力增强,于是电子入射深度降低。进一步地,峰值变浅,意味着辐射效果更加集中,从而峰值幅度略有增大。

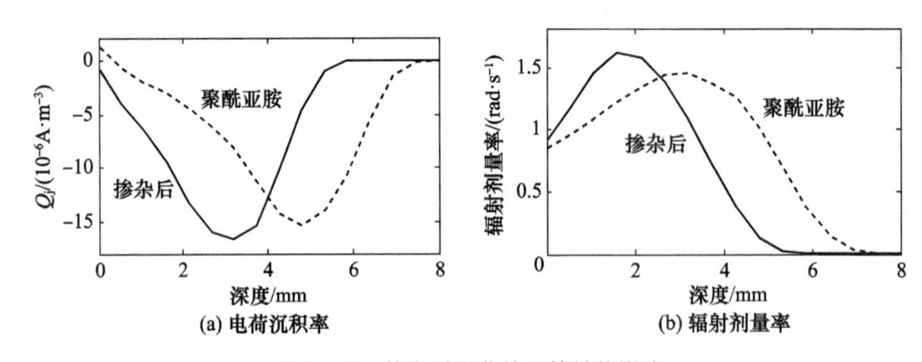

图 4 - 25 掺杂对电荷输运结果的影响

按照实验条件和材料参数进行仿真。经测试，YS20 - ZnO 常温下(293K)的本征电导率为 2.0×10^{-14}S/m，较未掺杂聚酰亚胺提高大约一个数量级。从掺杂造成的材料改性角度考虑，本征电导率和辐射诱导电导率会同时增大。据此在聚酰亚胺辐射诱导电导率的相关参数 k_p 和 Δ 基础上，提高 $k_p=4.0\times10^{-13}\mathrm{S/m(rad/s)}^{-\Delta}$ 且适当降低 $\Delta=0.5$，得到仿真值并与实测结果对比如表 4 - 3 所列和图 4 - 26 所示，宽和窄是指试样的介质挡边宽度，深和浅是指试样沟道深度。可见，仿真与实测的充电规律是一致的。沟槽越深电位越高，原因在于：一是沟槽越深，接受高能电子辐射总面积越大；二是沟槽越深，使得电位测量面更加远离接地面。另外，挡边宽型试样的充电电位更高，这是因为增大挡边宽度，使得沉积电荷泄放通道加长，从而倾向于充电到更高负电位。

表 4 - 3　实验与仿真结果对比：探头位置电位(293K)

条件	电位/V			
	1 窄深	2 窄浅	3 宽深	4 宽浅
实测	-315	-175	-399	-272
仿真	-254	-102	-554	-289

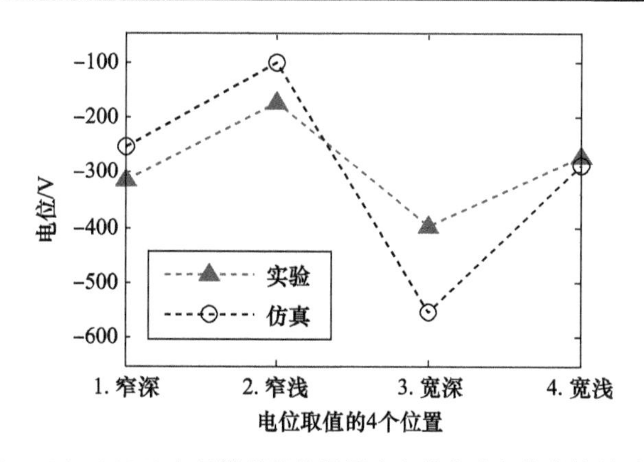

图 4 - 26　SADM 盘环模拟结构深层充电的实验与仿真结果对比

4.4.4　参数化仿真内带电随介质电导率的变化规律

相对于实验，仿真能够得到介质内部电位与电场强度分布，而且方便考察关键参数对充电结果的影响规律。这有利于开展目的性更强的实验，提高实验效率和收获最佳实验效果。

在探头位置电位如表 4 - 3 所列的情况下，选取图 4 - 22(a)宽挡边试样中虚线框代表的局部切面，得到该切面上电位与电场强度分布如图 4 - 27 所示，接地面保持零电位，且接地边界线出现场强峰值。改变 k_p 和本征电导率 σ_0 的取值，得到场强峰值对应的变化规律如图 4－28 所示，两个自变量的标度分别为线性和对数坐标。由图 4－28 可知，对于掺杂之前本征电导率约为 2×10^{-15} S/m 的聚酰亚胺，其场强峰值很可能超过 10^{7} V/m；而掺杂后场强峰值显著降低，即图 4－27 所示的场强峰值不超过 3.5MV/m，这表明掺杂确实可以减缓深层充电。随着 σ_0 的逐渐增大，辐射诱导电导率对充电结果的影响逐步减弱，这表明对于本征电导率较高（10^{-13} S/m 量级）的材料，辐射诱导电导率的取值（如 k_p 和 Δ）对充电评估影响较弱，不是影响内带电的主导因素。

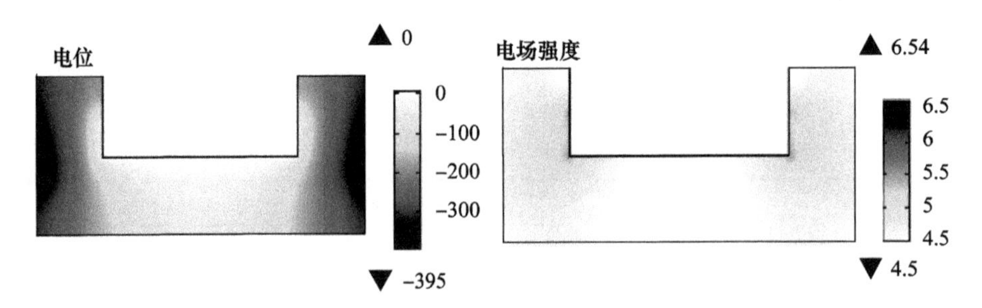

图 4－27 局部介质切面电位与电场强度分布（见彩图）

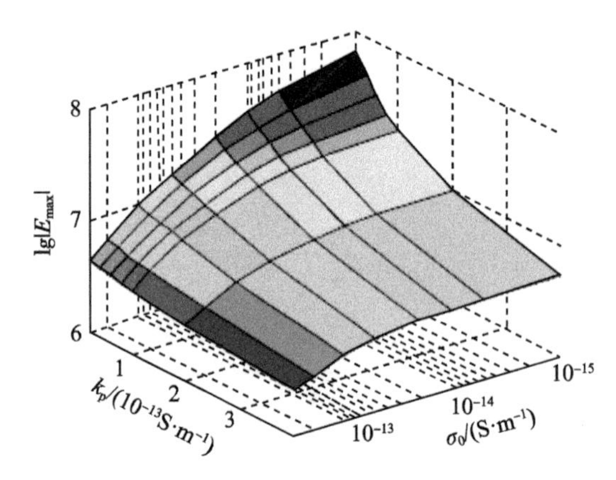

图 4－28 场强峰值随 k_p、σ_0 的变化规律（见彩图）

第5章　温度和特殊结构对航天器内带电的影响

相对于实验研究，介质深层充电的仿真分析具有经济可行与灵活度高的优势，而且对于某些精细介质结构，实验无法精确测量关键部位的充电结果，只能利用三维仿真进行有效评估。温度是空间环境的重要特征参数，常温下温度上下浮动20K，会造成介质微弱电导率呈数量级的变化，从而显著影响内带电水平。虽然航天器蒙皮内都设计了良好的温控系统，但是在某些特殊组件（如低温照相机）上，仍可能存在可观的温度分布。又因为内带电典型介质的导热性差，所以有必要研究非均匀温度分布情况下的内带电特征。此外，特殊结构会影响内带电电荷泄放，从而显著影响带电结果。

本章首先研究航天器内带电典型介质材料本征电导率随温度和电场强度变化规律，提出了本征电导率新公式，并做出了实验验证。然后利用内带电三维仿真先后分析存在非均匀温度分布和考虑非规则接地边界情况下的电路板内带电特征，探讨了不同屏蔽厚度下不同温度下航天器 SADM 介质盘环内带电规律。

5.1　典型介质本征电导率随温度和电场强度的变化规律

5.1.1　需求与研究现状

要分析温度因素对航天器介质深层充电的影响，必须掌握此类介质材料电导率随温度和电场强度的变化规律。有研究人员尝试通过材料掺杂来适当提升介质电导率，从而实现有效的内带电防护。但是，这仅是通过多次实验来得到恰当的掺杂方案，关于聚合物绝缘介质的电导机制至今没有形成共识。通常采用跳跃电导理论来刻画该类介质的电导率。已有的仿真软件和多数研究结果通常采用 Adamec 与 Calderwood 在 1956 年给出的计算模型，强调了强电场对电导率的影响，而温度因素直接借鉴 Arrhenius 电导率－温度模型。对比实验数据，该模型在低温区间的表现难以令人满意。也有相关研究采用热助跳跃－变程跳跃电导率模型，但其中电场强度作用因子表达式较复杂，涉及的材料微观参数难以确定，不方便工程应用。为了拓展现有电导率模型在低温环境下的适用性，做了以下研究。

5.1.2 本征电导率新公式

能带理论可较好地刻画导体和半导体材料的导电机制，并得到了实验验证。然而对于绝缘材料，尤其是无序大分子材料，其禁带宽度远大于载流子可能具备的热能，能带模型不能解释绝缘材料中存在的弱导电现象。经过多年研究，通常采用跳跃电导模型来近似描述高聚物绝缘材料的电导特性。该模型最初是针对无序半导体提出来的，对于高分子绝缘体并没有得到充分验证。跳跃电导机制可以概括为：绝缘材料的中性中心受热电离产生载流子，载流子被材料的中性势阱捕获，在热激发作用下跳跃于各个平衡态之间，从而产生电导。载流子跳跃过程受到温度和电场强度影响，从而电导率对应出现温度谱，并表现出强电场增强效应。

1. 电导率随温度变化模型

通常采用的 Arrhenius 温度谱模型为

$$\sigma_{\mathrm{T}}=\frac{A}{kT}\exp\left(-\frac{E_{\mathrm{A}}}{kT}\right) \tag{5-1}$$

式中：k 为玻耳兹曼常量；E_{A}为电导激活能（由实验测得）；T 为温度(K)；A 为常数，由特定温度（一般为室温）下对应的电导率来确定。

在较低温度下（如 100K），热能不足以使聚合物中载流子跨越势垒。此时，电导机理归结为载流子在两个相邻陷阱态势垒间的遂穿效应。对此，Mott 和 Davis 提出了变程跳跃电导模型，即

$$\sigma_{\mathrm{md}}=A_{\mathrm{H}}\left(\frac{T_{\mathrm{A}}}{T}\right)^{n}\exp\left(-\left(\frac{T_{\mathrm{A}}}{T}\right)^{n}\right) \tag{5-2}$$

式中：A_{H}为待定常量；T_{A}由电导激活能确定，且 $T_{\mathrm{A}}=E_{\mathrm{A}}/k$；$0.25\leqslant n\leqslant 0.50$。该模型体现了在较低温度下电导率随温度降低而下降的趋势变缓，这与实验结果是相符的。

2. 进一步考虑强电场效应的电导率模型

为方便讨论，温度 T 和电场强度 E 下的电导率记为 $\sigma(T,E)$，那么强电场对电导率的增强系数为

$$\chi\triangleq\frac{\sigma(T,E)}{\sigma(T,1)} \tag{5-3}$$

式中：分母表示 $E=1\mathrm{V/m}$（不考虑强电场的作用）。目前，热助跳跃（thermally activated hopping，TAH）电导、变程跳跃（variable range hopping，VRH）电导和 Adamec 与 Calderwood 提出的强电场下的电导模型，都考虑了强电场的作用。

热助跳跃电导模型是人们在研究离子晶体中电荷输运过程中得到的，其完整

表达式为

$$\sigma_{\mathrm{TAH}}=\sigma_{\mathrm{TAH0}}\left(\frac{T_{\mathrm{A}}}{T}\right)F_{\mathrm{A}}\exp\left(-\frac{T_{\mathrm{A}}}{T}\right) \tag{5-4}$$

式中：σ_{TAH}为待定常数；F_{A}为关于E、T的关系式，代表强电场对电导率的增大系数。该模型中电导率的温度依赖关系与Arrhenius模型式(5-1)相同。对于变程跳跃电导，Apsley对其做出改进，考虑了电场强度的作用，其表达式为

$$\sigma_{\mathrm{VRH}}=\sigma_{\mathrm{VRH0}}\left(\frac{T_{\mathrm{V}}}{T}\right)^{1/4}F_{2}\exp\left(-\left(\frac{T_{\mathrm{V}}}{T}\right)^{1/4}F_{1}\right) \tag{5-5}$$

式中：σ_{VRH0}和T_{V}为待定常数；F_1和F_2都是关于E和T的复杂关系式。以上两类模型，TAH电导式(5-4)和VRH电导模型式(5-5)，在电导率的温度因素方面取得了较好效果，二者结合起来可以综合考虑低温和高温下的电导率，然而关于电场强度的影响因素并没有得到很好的实验验证。

Adamec与Calderwood通过考虑外加电场对载流子浓度和迁移率的影响，从理论上推导出了强电场电导率公式。假设载流子在介质中沿各个方向的移动是等概率的，且跳跃距离小于或等于库仑力的作用范围。一方面，载流子受热激发而逃逸的过程是影响载流子浓度的关键因素；另一方面，考虑电场强度对载流子迁移率的作用，注意到能对电流产生贡献的载流子只是那些在两个平衡位置间沿着电场方向或逆电场方向跨越某个势垒的载流子。综合这两方面因素得到强电场作用下的介质电导率公式，为方便后续讨论，引入系数C_{con}和C_{mob}，可得

$$\begin{cases}\sigma_{\mathrm{ET}}(T,E)=\sigma_{\mathrm{T}}C_{\mathrm{cm}}, \quad C_{\mathrm{cm}}=C_{\mathrm{con}}C_{\mathrm{mob}}\\ C_{\mathrm{con}}=\dfrac{2+\cosh(\beta_{\mathrm{F}}E^{1/2}/2kT)}{3}, \quad C_{\mathrm{mob}}=\dfrac{2kT}{eE\delta}\sinh\left(\dfrac{eE\delta}{2kT}\right)\end{cases} \tag{5-6}$$

式中：C_{con}和C_{mob}为无量纲参数，分别代表载流子浓度和迁移率在电场强度E作用下的增大系数，二者乘积C_{cm}为强电场对本征电导率的增大系数；参数$\beta_{\mathrm{F}}=(e^3/\pi\varepsilon)^{1/2}$由材料介电常数$\varepsilon$决定；$\delta$为载流子跳跃距离（本书取值为1nm）。通过实验验证，该式适用于多种聚合物绝缘材料，如聚酰亚胺和多种乙烯聚合物。它在航天器介质充电领域得到了广泛应用。

3. 新公式

注意到，热助跳跃电导中电场强度关系式为

$$F_{\mathrm{A}}=\frac{kT}{eE\delta}\sinh\left(\frac{eE\delta}{kT}\right) \tag{5-7}$$

式(5-7)与C_{mob}是相同形式的。在$E\leqslant 10^8\mathrm{V/m}$的情况，$C_{\mathrm{mob}}$与$C_{\mathrm{con}}$相比可以忽略不计，因此，TAH电导模型没有充分考虑强电场的影响。按照文献提供的参数，比较TAH、VRH电导中电场强度的增强系数χ，如图5-1所示。低电场下（小于

10^6 V/m),4 个系数均约等于 1。即使场强达到 10^8 V/m,TAH 和 VRH 电导对应的 χ 仍然不超过 10,C_{mob}更小,因此在场强范围 10^8 V/m 以内,C_{con}的作用(强电场对载流子浓度的增加作用)是最显著的。该场强范围也是绝缘介质材料充放电研究的典型区间,一般认为发生击穿放电的场强阈值不超过 10^8 V/m。对于其他温度,不难验证该结论也是成立的。

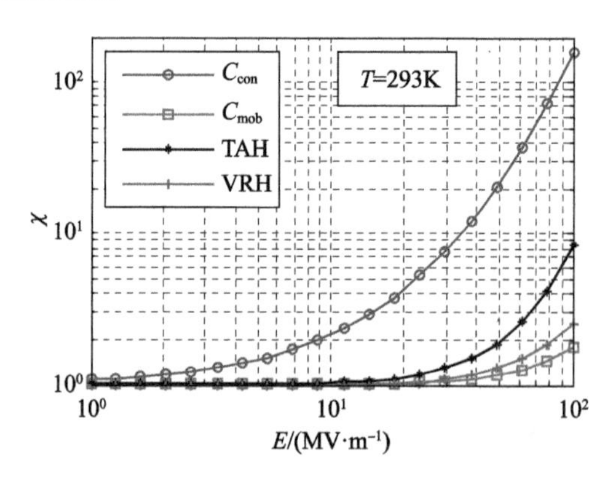

图 5-1　不同电导模型的电场强度对电导率的增强系数($T=293$K)

综上所述:一方面,Adamec 和 Calderwood 提出的电导率公式得到了广泛应用,它考虑了强电场作用下载流子浓度和迁移率的增大效应,但温度因素直接借鉴了 Arrhenius电导率-温度谱,在低温区间表现欠佳;另一方面,热助跳跃-变程跳跃电导率公式较好地处理了低温和高温(以 268K 为分界)区间的电导率随温度变化趋势,但它的场强作用因子形式复杂,式(5-4)和式(5-5)中的强电场因子难以控制,不便于推广应用。

在热助跳跃和变程跳跃电导机制基础上,简化其中的电场作用因子,并将强电场对载流子浓度和迁移率的增大效应考虑进来,提出了一种新的本征电导率公式,即

$$\begin{cases} \sigma = \sigma_{A} + \sigma_{V} \\ \sigma_{A} = \sigma_{A0}\dfrac{T_{A}}{T}\exp\left(-\dfrac{T_{A}}{T}\right)C_{cm}(f(T)) \\ \sigma_{V} = \sigma_{V0}\left(\dfrac{T_{V}}{T}\right)^{1/4}\exp\left(-\left(\dfrac{T_{V}}{T}\right)^{1/4}\right)C_{cm}(f(T)) \end{cases} \tag{5-8}$$

式中:σ_A为热助跳跃电导率,考虑的是热激发效应;σ_V为变程跳跃电导率,体现的是低温下载流子遂穿效应。它们都受到强电场的影响,对应产生的电导率增大系数 $C_{cm}=C_{con}C_{mob}$(见式(5-6))。实际应用中,若电场强度不超过 10^8V/m,则以 C_{con}为主导因素。式(5-8)中:$f(T)$代表温度变换,体现了低温下(253K 以下)强

电场对电导率的作用意义；$T_A = E_A/k$ 由材料的电导激活能 E_A 决定，T_A 取值在 $10^7 \sim 10^8$K 之间。该电导率温度谱在高温段以 σ_A 占优，低温段以 σ_V 为主。存在过度温度 T_{trans}，使得 $\sigma_A = \sigma_V$（对于低密度聚乙烯，$T_{trans} \approx 268$K）。因此，在已知 T_A、T_V、T_{trans} 情况下，假设 $\sigma(T_{trans}, 1) = \sigma_{trans}$，则待定常量 σ_{A0} 和 σ_{V0} 可以表示为

$$\begin{cases} \sigma_{A0} = \dfrac{\sigma_{trans}}{2}\left(\dfrac{T_A}{T_{trans}}\right)^{-1} \exp\left(\dfrac{T_A}{T_{trans}}\right) \\ \sigma_{V0} = \dfrac{\sigma_{trans}}{2}\left(\dfrac{T_V}{T_{trans}}\right)^{-1/4} \exp\left(\left(\dfrac{T_V}{T_{trans}}\right)^{1/4}\right) \end{cases} \tag{5-9}$$

5.1.3 实验验证与讨论分析

在真空变温环境下（由 CT80S－400T 超高真空介质放电装置来实现），采用三电极法（电压－电流法）测量了一类改性聚酰亚胺（YS－20 系列）介质电导率。温度范围是 233～353K，以 5K 为步进，电场强度为 $2.5 \times 10^6 \sim 2.0 \times 10^7$V/m。

在电压较高时，试样表面容易出现沿面漏电流，严重干扰测试结果。因此采用三电极法，三电极夹具照片和电极示意图如图 5－2(a) 所示，保护电极接地，从而可以收集沿面漏电流。当试样很薄且在真空环境下测试时，打造两电极介质试样工装，如图 5－2(b) 所示。电流测量采用吉时利 6517B 静电计，其量程为 20pA 时分辨率能达到 10^{-18}A。测量过程考虑了介质极化电流的影响，即持续加电较长时间（约 1000s），取最后 100s 的电流均值来计算电导率。另外，通过宽带介电谱仪（Concept80）测量得到该介质的相对介电常数 $\varepsilon_r = 4.8$。在前期研究中，采用 Arrhenius电导率－温度模型对测试结果进行拟合，得出该介质的电导激活能 $E_A = 0.40$eV。

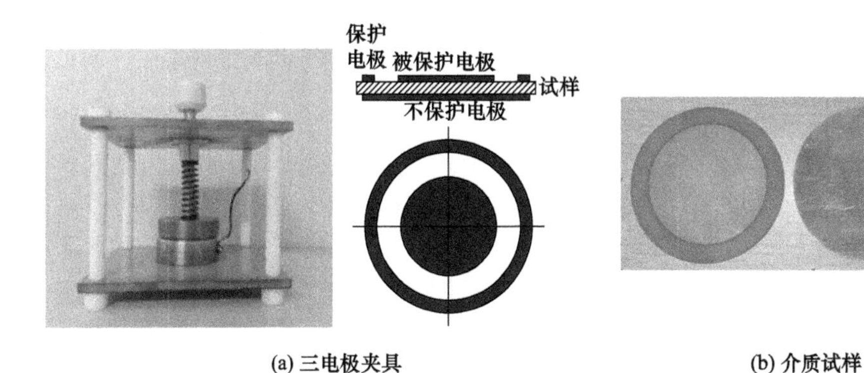

(a) 三电极夹具　　(b) 介质试样

图 5－2　三电极测试装置与两电极工装试样照片

1. 三类模型的对比分析

对比 Adamec 模型（式(5－6)）、TAH 和 VRH 电导模型（式(5－4)和式(5－5)）

和新提出公式的拟合结果如图5－3所示。根据实测结果，Adamec模型中取参数$\sigma(293\text{K},8.1\text{MV/m})=6.2\times10^{-15}\text{S/m}$；TAH和VRH电导模型中$T_{trans}=268\text{K}$，涉及的函数$F_A$、$F_1$、$F_2$中参量取值与文献一致，其中$T_A$由电导激活能确定，$T_V$在$10^7\sim10^8\text{K}$范围内取值对结果的影响可以忽略不计；新公式同样取$T_{trans}=268\text{K}$，温度变换$f(T)=T$，由实测值$\sigma_{Trans}$，根据式(5－9)对$\sigma_{A0}$和$\sigma_{V0}$取值，$T_A=0.4\text{eV}/k=4.64\times10^3\text{K}$，$T_V=5\times10^7\text{K}$。

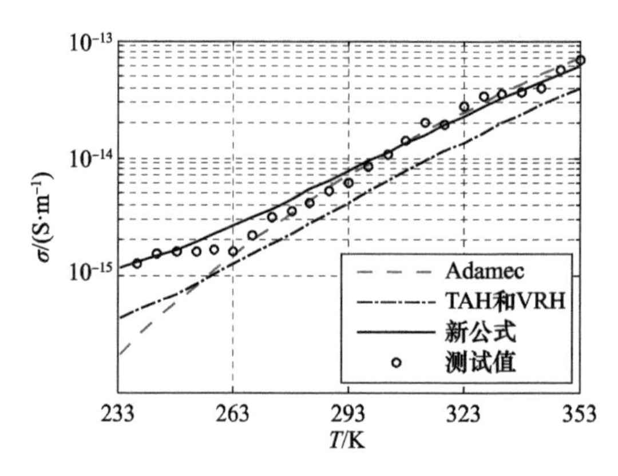

图5－3 三类模型拟合结果

由图5－3可见新公式的拟合效果最佳。Adamec电导率温度谱在263K以上温度范围取得了良好的拟合效果，但是在更低温度范围，出现的偏差比较大，这说明基于Arrhenius模型的Adamec温度谱只能在较高温度范围实现良好拟合，却难以兼顾低温情况；TAH和VRH电导模型随温度的变化趋势与新公式接近，因为其电场强度作用系数较小，故存在拟合值偏小的问题，即便通过调整来稍加改善该问题，但TAH和VRH电导模型还涉及其他多个微观参数，很难保证拟合准度。总之，提出的本征电导率公式不仅涉及的待定参数较TAH和VRH模型少，而且得到了最佳拟合效果。

2. 不同电场强度下的进一步实验验证

为展示新公式的较好适用性，选择另外两组数据进一步做出验证。测试中防止介质击穿放电，电场强度不超过$2\times10^7\text{V/m}$，于是选择两组电场强度5MV/m和20MV/m分别进行验证。调整$T_{trans}=273\text{K}$，T_A和T_V保持不变，得到的拟合效果见图5－4。

可以看到，测试数据存在一定波动，但是从电导率关于温度的整体变化趋势来看，提出的公式实现了较好拟合。电导率随电场强度增大而升高，其升高幅度$\sigma(T,E_2)/\sigma(T,E_1)$随着温度降低而增大，这是因为低温区间对应的电导率倾向于由载流子遂穿效应主导的变程跳跃电导，而强电场可以显著提高载流子遂穿成功的概率。该作用机理体现在式(5－8)中的$\cosh(\beta_F E^{1/2}/2kT)$，对比相关文献发现

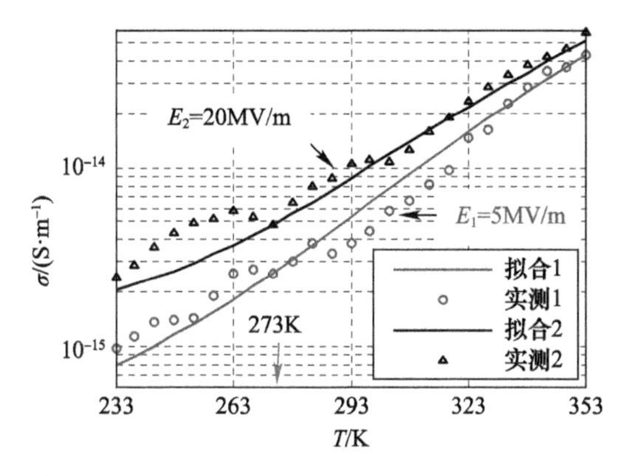

图 5-4　电导率新公式的实验验证(第 1 组 $E=5\text{MV/m}$,第 2 组 $E=20\text{MV/m}$)

其作用规律与 TAH 和 VRH 电导模型是一致的。在拟合过程中,相关参数只是参照其中一组数据进行设置的,这体现了新公式对强场电导率的外推能力。其参数取值较 TAH 和 VRH 电导模型容易,只需要合理把握 T_{trans}的取值即可,其余参数根据电导激活能和一般取值范围便可得到。结合图 5-3 分析,该介质对应的在 T_{trans}在 268 ~ 273K 内,与低密度聚乙烯的情况是类似的。

3. 新公式的适用范围和关键参数取值分析

根据材料参数(电导激活能和室温下电导率),所提出电导率公式可用于材料电导率的拟合与外推。首先考虑它的适用范围,然后分析关键参数取值对电导率的影响规律。以图 5-4 中第 2 组拟合数据为参照,已知材料电导激活能 $E_A=0.4\text{eV}$,对应的 $T_A=4.64\times10^3\text{K}$,其室温下不考虑强电场作用的电导率 $\sigma|_{293\text{K}}=2.06\times10^{-15}\text{S/m}$。首先由式(5-1)得到 $\sigma|_{T_{\text{trans}}}$,然后代入新公式,得到不考虑温度变换时在较宽温度和电场强度范围内的电导率变化结果,如图 5-5 所示。在以 1MV/m 为代表的低场强情况下,得到的电导率温度谱曲线是合理的,低于 T_{trans}后,

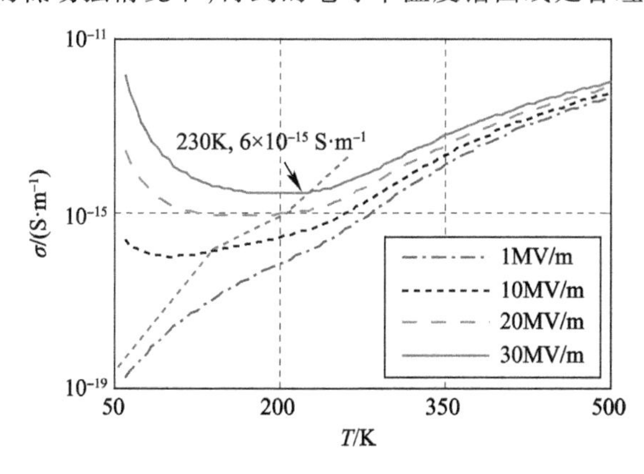

图 5-5　不考虑温度变换时电导率新公式随温度和电场强度变化关系($f(T)=T$)

电导率随温度变化趋于缓慢。随着电场强度升高，在低温区间出现了电导率反常增大的现象，这是不合理的。

造成低温下电导率反而增大的原因是模型中的 $C_{cm}=C_{con}C_{mob}$ 随温度降低而增大，而且当电场强度达到 10MV/m 量级时，该增大效应在总电导率中起到主导作用。因此，C_{cm} 的有效温度区间随着电场强度增大而收窄。当电场强度 $E=3\times10^7$V/m 时，温度下限收窄到 230K；当 $E=10^8$V/m 时，温度下限提高到 300K。从 C_{mob} 和 C_{con} 的原始出处可以看到，相关实验验证所考虑的都是 $T>293$K 的情况，而且从数值分析角度来看，出现 $C_{mob}|_{T=50K,E=2\times107V/m}=10^7$ 是不合理的。针对低温区间受限问题，给出如下解决方案。鉴于文献给出的实验验证温度均在 293K 以上，于是对式(5-8)系数 C_{mob} 和 C_{con} 中的温度 T 取值做适当的温度变换，将温度区间 $[T_{min},T_{max}]$ 变换到 293K 以上。温度变换公式为

$$f(T)=(T_{max}-293)\left(1-\exp\left(-\frac{T-T_{min}}{\Delta T}\right)\right)+293,\quad \Delta T=200\text{K} \quad (5-10)$$

考虑温度变换的拟合结果如图 5-6 和图 5-7 所示。适当的温度变换有效拓宽了电导率温度谱的温度区间。从电导率的组成部分来看，当 $T>T_{trans}$ 时，$\sigma_A>\sigma_V$，热助跳跃电导率占优；反之，则 σ_V 占优。随着温度降低，σ_A 的衰减速度大于 σ_V。当温度低至一定程度后，电场强度对电导率的影响甚弱，这是因为极低温度下载流子的浓度几乎为零，电场强度的作用随之降低。不考虑强电场作用时(即 1MV/m 对应的曲线)，室温 300K 和低温 75K 对应的电导率分别为 3.92×10^{-15}S/m 和 3.48×10^{-19}S/m，参照文献给出的实验数据可知，这种衰减幅度是合理的。

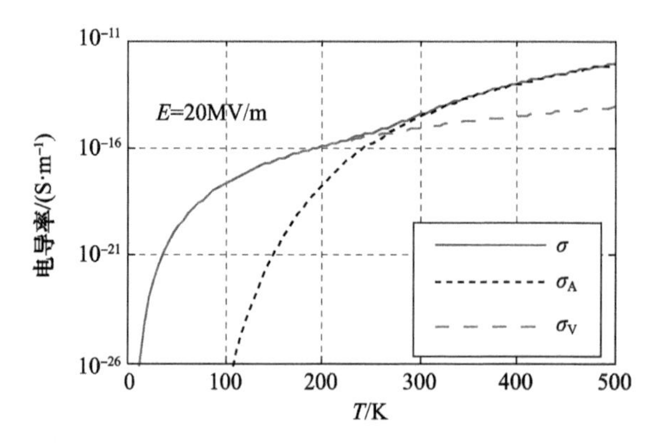

图 5-6 温度变换后的电导率比较

通过对比图 5-5 和图 5-7 得知，所提出的温度变换在低场强情况下对电导率影响甚微，在高场强情况下可以有效拓宽模型的低温适用范围，因此，其物理意义可以理解为：虽然新公式中沿用了原来的载流子浓度系数 C_{con} 和迁移率系数 C_{mob}，但在强电场作用下，需要对系数中的温度效应做出适当限制，以求得到合理

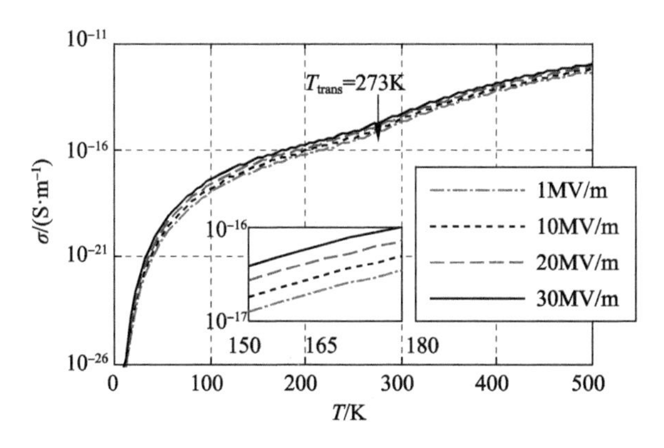

图 5-7　不同电场强度下的电导率温度谱

的电导率变化规律，因为低温下载流子浓度降低，强场对电导率的增大效应不可能被放大，具体的微观机理有待进一步实验研究。

在实际应用中，某些材料参数取值可能出现一定偏差，将会对电导率拟合产生多大影响呢？这些参数为 ε 和 δ，出现在 C_{cm} 中的有 T_{trans}、T_A、T_V、ε 和 δ，介电常数 ε 出现偏差的可能性不大。δ 只影响 C_{mob}，而在讨论场强范围内（小于 100MV/m），在对电导率的作用程度方面，C_{mob} 与 C_{con} 相比是可以忽略不计的。因此，需要重点考察的参数为 T_{trans}、T_A 和 T_V。分别调整三个参数，得到对应的结果见图 5-8。计

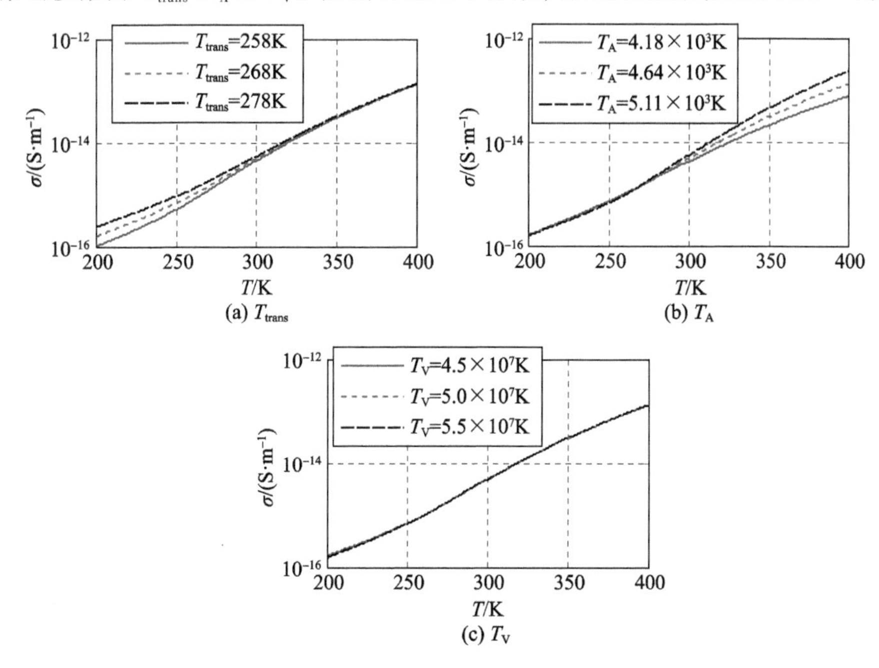

图 5-8　拟合结果关于 T_{trans}、T_A 和 T_V 的灵敏度

算过程中，以图 5-4 第 2 组数据为对象，图 5-8(a)分别选择三组 T_{trans} 及其对应的电导率进行计算，图 5-8(b)和(c)取 $T_{trans}=268K$，分别调整参数 T_A 和 T_V 上下浮动 10%。

结果表明 T_{trans} 和 T_A 对电导率的影响比较显著，而 T_V 在 10^7K 量级取值即可。由于参数 T_A 与介质材料的电导激活能成正比，所以它的变化会引起电导率较大的变化，但是材料的电导激活能并不是难以确定的微观参数，况且在常用的 350K 以下温度，即使取值稍有偏差，其带来的电导率拟合偏差也是可以接受的，所以应用新公式的关键是找到合适的 T_{trans}，在外推低温下的电导率时尤其如此。综上，采用新公式进行电导率拟合与外推是可行的。

5.2 非均匀温度分布情况下电路板内带电仿真分析

在地面环境下，针对高压直流输电线路中存在的非均匀温度分布(温度梯度≠0)，研究人员通过实验测试研究了温度梯度对聚乙烯和油纸绝缘材料的电荷积累和边界电场畸变的影响，发现增大温度梯度会加剧材料低温侧电场畸变。为此，以卫星内部电路板为研究对象，考虑航天器内带电恶劣辐射环境，进行仿真分析。

5.2.1 Flumic3 能谱下航天器内电路板的电荷输运结果

Flumic3 是用于评估航天器内带电的恶劣充电环境。在这种恶劣辐射环境下，仿真分析 3mm 厚度的电路板内带电特征。将航天器蒙皮近似等效为 2mm 厚度的铝板。由于本体遮挡，高能电子入射一般是单方向的，因此设置高能电子从铝板上方垂直入射，如图 5-9(a)所示，高能电子射穿屏蔽铝板后，其入射方向不再保持垂直方向，而是沿多方向入射到电路板中。取电路板中部区域，沿厚度方向分为多层，将每层作为一个独立的统计单元，如图 5-9(b)所示，记录该单元内的电荷沉积和辐射剂量等电荷输运结果。

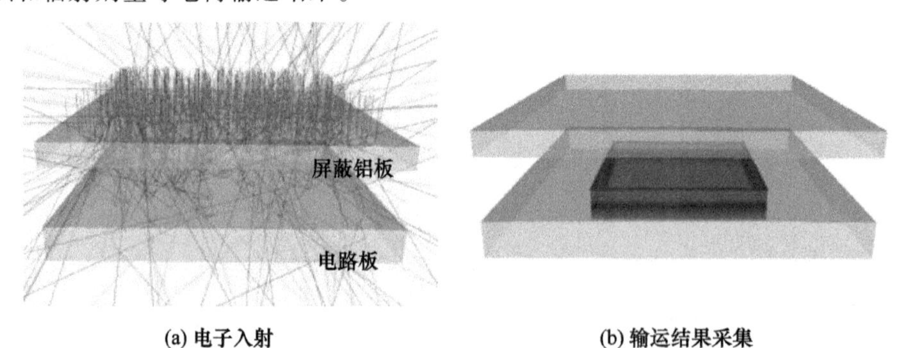

图 5-9 铝板屏蔽下的电路板电荷输运模拟图示(见彩图)

电子能谱满足 Flumic3 模型,能谱下限 $E_{low}=0.6\mathrm{MeV}$,上限 $E_{high}=10\mathrm{MeV}$,大于 2MeV 的电子通量为 $10^9\mathrm{m}^{-2}\cdot\mathrm{s}^{-1}\cdot\mathrm{sr}^{-1}$。根据积分通量的定义,处在能量区间 $[E_{low},E_{high}]$ 的高能电子通量为

$$\mathrm{flux}(E_{low})-\mathrm{flux}(E_{high}) \tag{5-11}$$

为方便得到电荷输运模拟中的电荷沉积率等参数,需要将电子通量单位从 $\mathrm{m}^{-2}\cdot\mathrm{s}^{-1}\cdot\mathrm{sr}^{-1}$ 换算到 $\mathrm{m}^{-2}\cdot\mathrm{s}^{-1}$,从而得到式(3-11)中的 f_e。对于 Geant 4 中垂直入射情况,本章取换算系数为 π,即 $f_e=\pi[\mathrm{flux}(E_{low})-\mathrm{flux}(E_{high})]$;对于各向同性入射,该系数为 2π。电路板同一深度的电荷输运结果近似相等。因此,选择沿电路板深度方向的 Q_j 和辐射剂量率 $\dot{D}$ 进行分析。如图 5-10 所示,横轴 0mm 到 3mm 代表电路板从上表面到底面的深度方向。显然,随着高能电子的入射深度增加,Q_j 和辐射剂量率出现小幅增长之后近似呈指数快速衰减。在介质板浅层区域出现的小幅增长归因于铝板屏蔽层滤除了一定的低能电子成分,相当于高能电子由多能谱向单能方向转变,于是出现单能电子入射所对应的电荷沉积特征,即在介质内部出现沉积峰值。同理,可解释辐射剂量率随深度的变化趋势。图 5-10 中曲线较好的平滑性表明计算结果达到了蒙特卡罗统计均匀性要求。

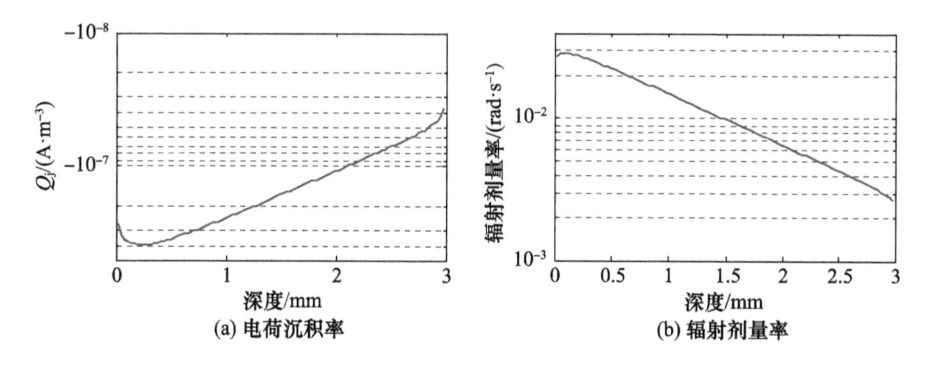

图 5-10　2mm 厚度铝板屏蔽下的电路板内电荷输运结果

5.2.2　电路板材料的电导率温度谱

根据 5.2.1 节提出的电导率拟合新公式,由表 4-1 中参数计算得到 $T_A=1.16\times10^4\mathrm{K}$,另外假设 FR-4 的 $T_{trans}=268\mathrm{K}$,$T_V=5\times10^7\mathrm{K}$,得到本征电导率温度谱如图 5-11 所示(图中纵坐标 σ_T 数据没有考虑强电场对电导率的影响)。显而易见,本征电导率随温度降低呈指数衰减,当温度低于 268K 时,衰减梯度变小,此时变程跳跃电导率在本征电导率中起主导作用。

辐射诱导电导率 σ_{ric} 主要决定于辐射剂量率。参数 k_p 和 Δ 在一定程度上受到温度影响,这方面的研究报道极少,根据文献报道的实验结果,在温度高于 250K

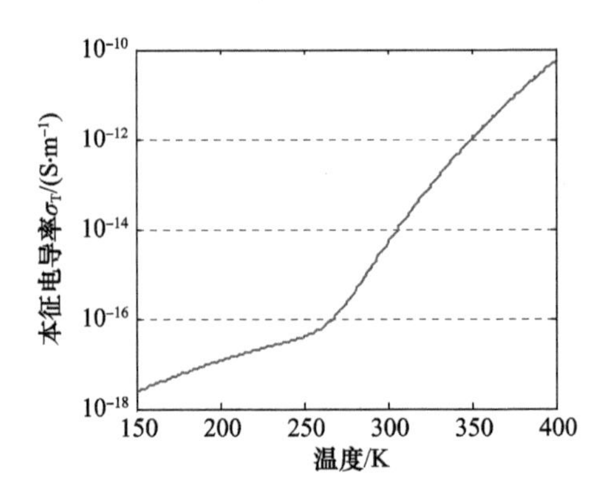

图 5－11　PCB 材料本征电导率温度谱

时 k_p 和 Δ 分别表现出随温度升高而增大和降低的趋势。已知在常温 293K 下，Δ 和 k_p 的取值见表 4－1，根据 Δ 表达式

$$\Delta(T)=(1+T/T_{ric})^{-1} \tag{5-12}$$

当参数 T_{ric} 确定时可以得到 $\Delta(T)$。参照文献[102]中的实验结论，对于低密度聚乙烯材料的 k_p 取值关于温度的变化趋势，假设温度从 250K 上升到 400K，对应的 k_p 线性增大一个数量级，得到的 k_p 和 Δ 随温度变化曲线如图 5－12 所示。在同样的温度区间，将对应的 k_p 和 Δ 代入辐射诱导电导率公式，根据图 5－10(b)所示辐射剂量率分布，分别取该分布区间的端点值 0.006rad·s^{-1}和 0.050rad·s^{-1}，代入计算，得到的辐射诱导电导率温度谱如图 5－13 所示。

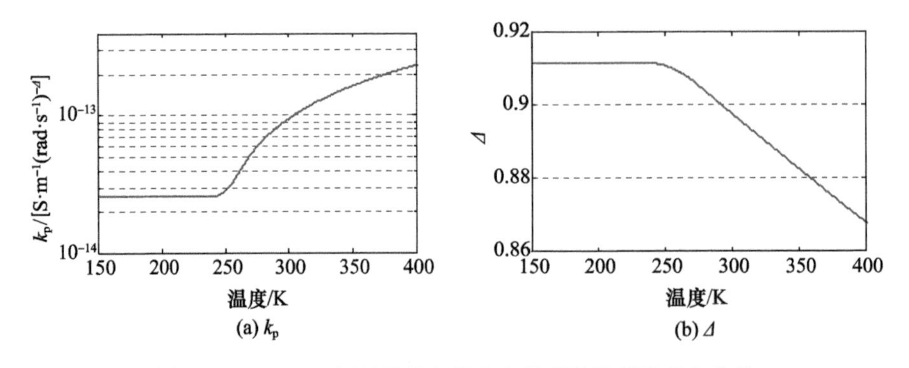

图 5－12　FR－4 辐射诱导电导率相关系数随温度变化关系

假设电路板正面与背面两侧存在呈线性分布的固定温差。背面温度 $T(3)$ = 293K，正面温度 $T(0)$ 分别取为 153K、253K、293K 和 353K，从而得到 4 种温度分布情况。在得到充电结果之前，首先分析影响计算结果的关键因素。如前所述，温度主要影响介质电导率。电导率是关于温度的函数($\sigma(T)$)，而温度是关于介质空间位置 x 的函数($T(x)$)，于是在计算过程中考虑不同温度分布下介质电导率随空

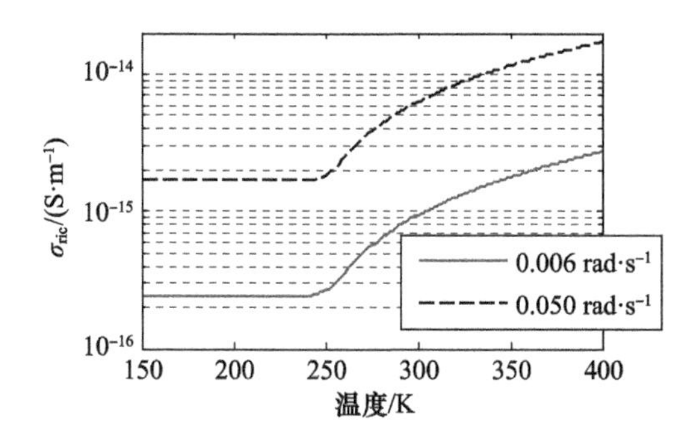

图 5-13 PCB 材料辐射诱导电导率温度谱

间位置的分布 $\sigma(T(x))$。其余参量，如 k_p 和 Δ，同样是关于空间位置的函数。此处，x 代表沿电路板深度方向的坐标，$x=0$mm 代表电路板正面，即高能电子入射面，$x=3$mm 表示背面。4 种情况下 k_p 和 Δ 的分布如图 5-14 所示。总体上，随着温度升高，k_p 增大，Δ 减小。注意到航天器内带电中辐射剂量率通常小于 1，所以温度越高辐射诱导电导率越大。温度低于 250K 的区域，k_p 和 Δ 的温度效应不显著，这与实验规律是一致的。

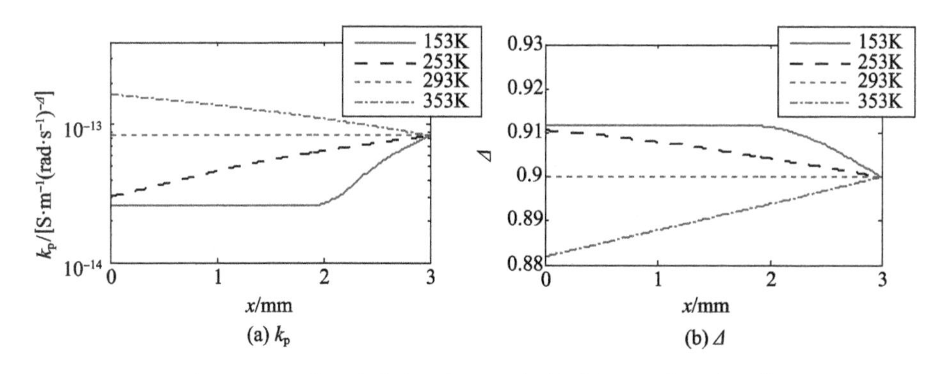

图 5-14 4 种温度分布下的 PCB 辐射诱导电导率相关系数

将图 5-10(b)所示的辐射剂量率代入，得到不同温度分布情况下的 σ_{ric}，如图 5-15(a)所示。其中 293K 对应的曲线代表恒温情况，与之对比，温度升高导致 σ_{ric} 显著增大，反之 σ_{ric} 降低。图中出现电导率随深度的非单调变化原因是：$T<250$K 时对应的 k_p 和 Δ 基本不再随温度变化，此时由于辐射剂量率随入射深度增大而减小，因而 σ_{ric} 随之降低；到大约 2mm 深度以后，温度升高到 250K 以上，k_p 和 Δ 的变化趋向于增大 σ_{ric} 且增大效果超过了辐射剂量率的降低作用，所以 153K 对应的曲线出现先衰减后增大的变化趋势。

辐射诱导电导率主要由辐射剂量率决定，只是在 250K 以上温度区间才表现出随温度升高而增大的趋势。相比之下，介质本征电导率受温度影响更加显著。

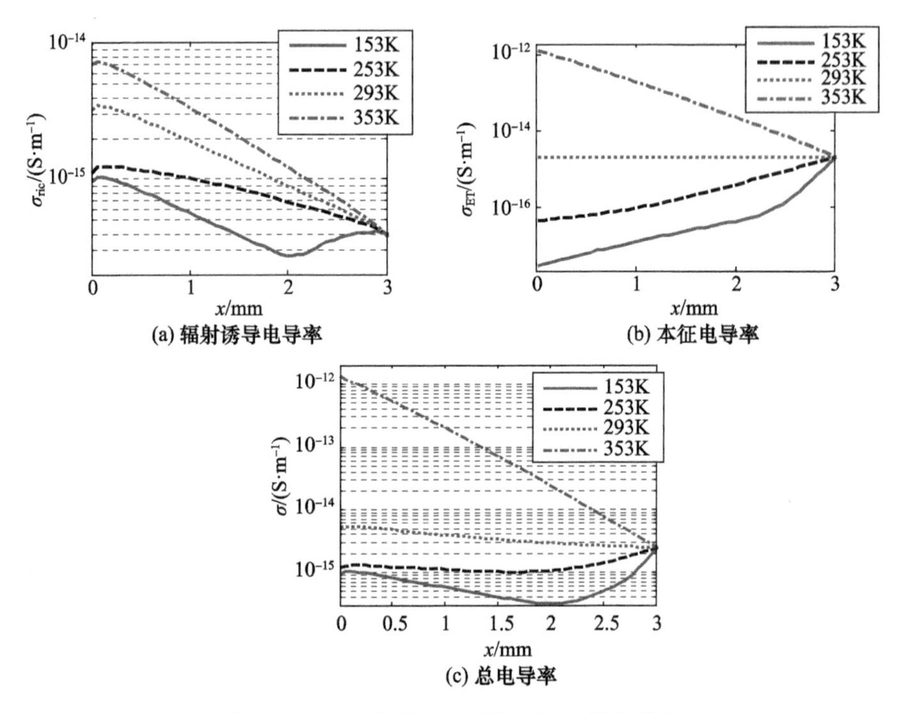

图 5-15 4 种温度分布下的 PCB 电导率分布

在不考虑强电场作用情况下,得到的本征电导率分布结果如图 5-15(b)所示,它的纵坐标横跨 4 个数量级,变化幅度显著高于相同温度分布下的辐射诱导电导率。结合图 5-15(c)所示的总电导率,进行对比分析,可见:高温(353K)情况下,本征电导率占主导;随着温度降低,辐射诱导电导率对总电导率的贡献凸显,如 153K 对应的曲线,只是在电路板背面附近本征电导率贡献突出,其余位置体现辐射诱导电导率的作用。

5.2.3 非均匀温度分布下的内带电结果与分析

1. 验证计算结果满足电荷守恒定律

现选取 $T(0)=253\mathrm{K}$ 的一组数据,来验证计算方法的正确性。对式(3-20)两端关于 x 积分,得

$$\int_0^x Q_{\mathrm{j}}(x)\,\mathrm{d}x - \sigma(x)E(x) = C \tag{5-13}$$

背面接地情况下,根据 $x=0$ 的边界条件,可知待定常数 $C=0$,于是可以利用式(5-13)来验证计算结果的正确性。记式(5-13)左边两项相对误差为

$$\zeta_1 = \| \boldsymbol{J}_{\mathrm{e}} - \sigma(x)\boldsymbol{E}(x) \| / \| \boldsymbol{J}_{\mathrm{e}} \|, \quad \boldsymbol{J}_{\mathrm{e}} = \int_0^x Q_{\mathrm{j}}(x)\,\mathrm{d}x \tag{5-14}$$

式中：‖ · ‖为向量取 2 范数；x 为均匀网格对应的空间位置坐标；参数 ζ_1 为每次迭代计算的精度。记电场强度前后两次迭代的相对误差 $\zeta_2 = \| \boldsymbol{E} - \boldsymbol{E}_1 \| / \| \boldsymbol{E} \|$，$\zeta_2$ 代表迭代收敛特征。在不同的网格剖分情况下，得到 ζ_1 与 ζ_2 随迭代次数的变化如图 5－16 所示。

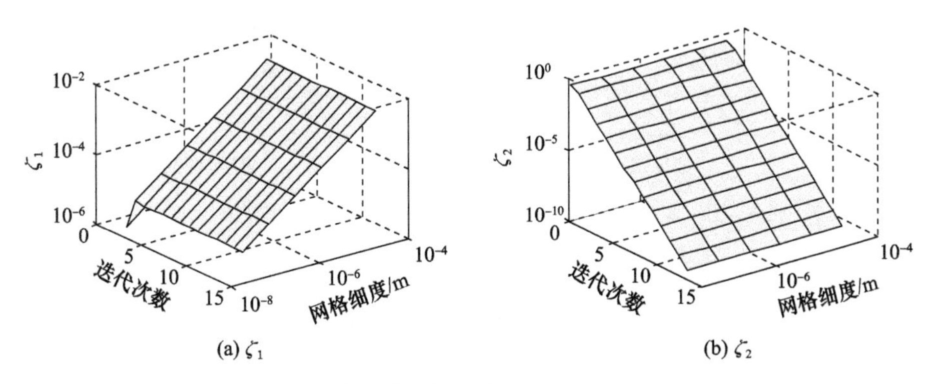

图 5－16　精度和迭代收敛特征参数随网格细度和迭代次数的变化

可以看出：每步迭代计算中的 ζ_1 随 Δx 减小而降低，所以加密网格剖分可以显著提高算法计算精度；随着迭代次数增加，ζ_2 按指数快速衰减，这表明算法是收敛的。当 $\zeta_1 \leqslant 0.0001$ 时，对应的 $\sigma(x)E(x)$ 和 J_e 是相等的，如图 5－17 所示。因此，算法可以得到模型的准确解。

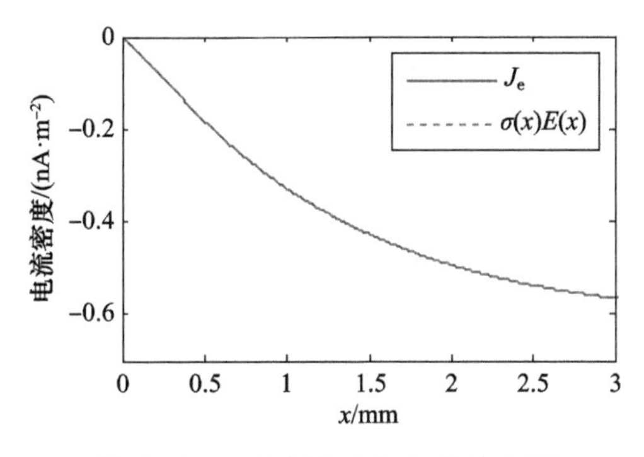

图 5－17　$\sigma(x)E(x)$ 和 J_e 的吻合图

2. 背面接地情况下充电结果

按照前述充电环境和电导率等参数，得到的背面接地情况下不同温度分布时的电路板内带电结果如图 5－18 所示。

从充电电位角度来讲，温度越低导致电位升高（幅度），内带电越严重，其原因是低温导致材料电导率降低，使得内部沉积电荷愈加难以及时泄放，从而抬高电位。当电路板正面温度降低到 153K 时，充电电位超过 －2.2kV，即便是 253K 也达到了近 －1000V 的电位。内带电更加关注的是电场强度。在较大温度梯度情况

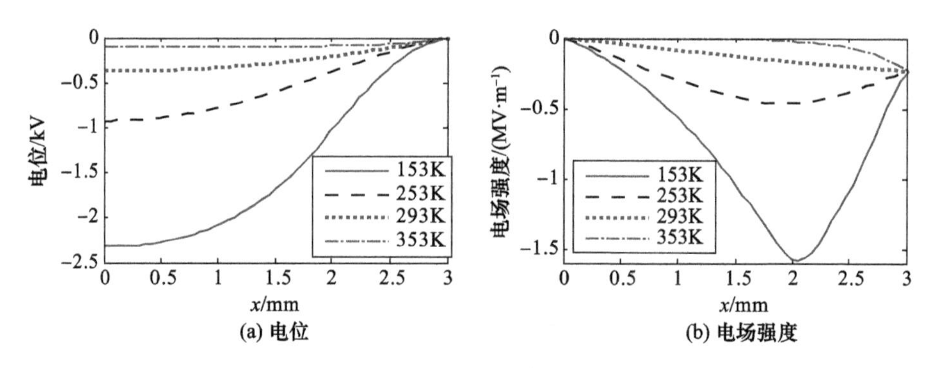

图 5-18　4 种温度分布下的 PCB 内带电计算结果(背面接地)

下,如 153K,场强峰值出现在介质内部,这与均匀温度分布情况下的结果是不同的。均匀温度对应均匀的电导率分布,根据电荷守恒公式,由于 $Q_j(x)$ 和 σ 是固定的,所以场强峰值一定出现背面接地处,即 293K 对应的结果。然而,由于非均匀温度分布导致介质电导率在内部出现极小值,从而不难理解场强峰值出现在电导率极小值的附近。总体上,与均匀温度情况相比,非均匀温度分布导致的最显著特征是场强峰值出现在介质内部,这在之前是未见报道的。

3. 正面接地情况下充电结果

按照同样的温度分布,设置电路板为正面接地,得到的 PCB 内带电计算结果如图 5-19 所示。与背面接地情况相比,正面接地有利于减缓内带电程度。相对于背面接地,正面接地时电荷泄放方向改变,于是得到电场为正,即传导电流从接地面到介质内部方向(x 正方向)流动,来中和介质内部负电荷。

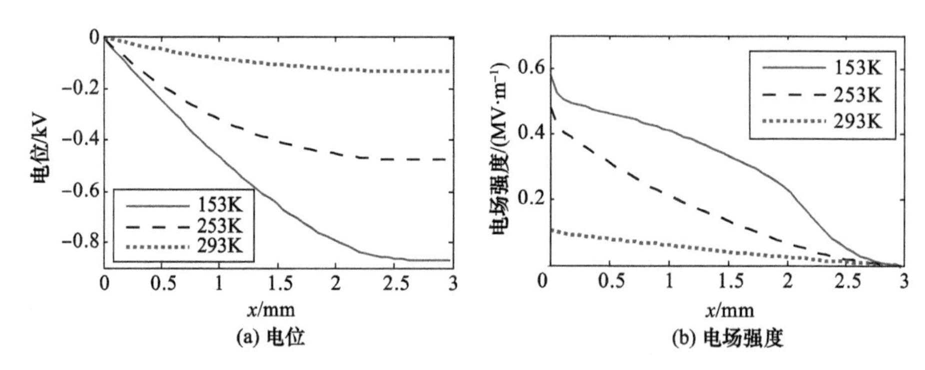

图 5-19　4 种温度分布下的 PCB 内带电计算结果(正面接地)

4. 另一种温度分布情况下的充电结果

作为理论研究,考虑可能出现的另外一种温度分布,即电路板正面温度为 293K,背面温度依次取值为 153K、253K、293K 和 353K;温度依然按线性分布。此时的本征电导率 σ_{ET} 分布正好为图 5-15(b)关于 $x=1.5$mm 的对称。σ_{ric} 和总电

导率 σ 如图 5-20 所示。以 293K 曲线为参考，可见 σ_{ric} 随着温度分布高或低而出现相应的涨落，153K 曲线随深度的衰减前段大于后段，这是因为温度低于 250K 的区域 k_p 和 Δ 不再随温度变化。总电导率 σ 在正面（$x=0$mm）保持恒定，且取值大于另外一种温度分布对应的背面恒定电导率（图 5-15(c)），这是因为 σ_{ric} 从正面到背面呈递减分布。

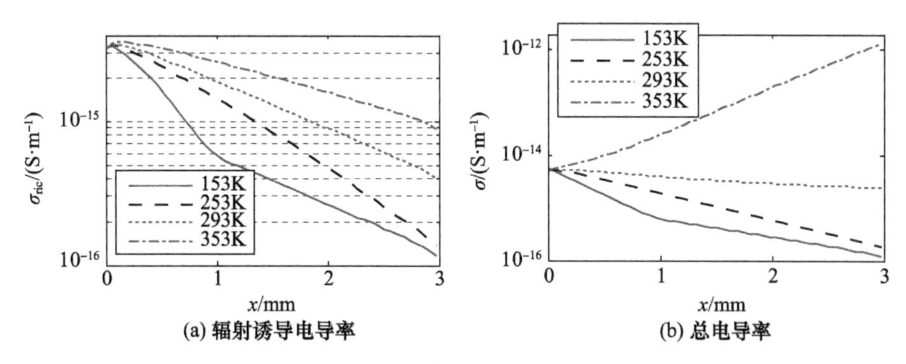

图 5-20　4 种温度分布下的 PCB 电导率温度谱（正面温度 293K）

分别得到背面和正面接地时的充电结果如图 5-21 和图 5-22 所示（如果没有特别注明，则代表背面接地和背面 293K 的情况）。另外，在图 5-21 中略去了 353K 对应的结果，因为其电位峰值幅度小于 50V，场强峰值不超过 10kV/m，此时已经不具有任何内带电风险。为方便讨论，记正面温度、电位和场强分别为 $T(0)$、$U(0)$ 和 $E(0)$，背面对应的变量为 $T(d)$、$U(d)$ 和 $E(d)$，d 为介质厚度，场强峰值记为 $E_{max}=|E(x)|_{max}$。

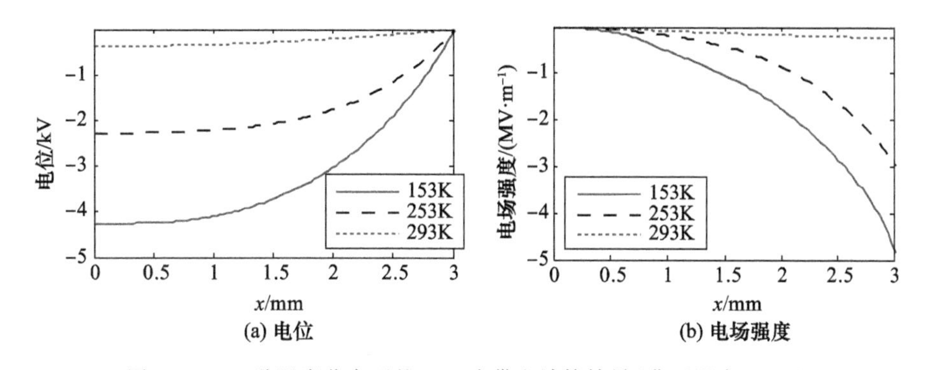

图 5-21　4 种温度分布下的 PCB 内带电计算结果（背面温度 293K）

对比图 5-18 和图 5-19，二者温度分布一致，但接地方式分别为背面和正面接地。正面接地的 E_{max} 仅为背面接地时的二分之一，可见同等条件下，正面接地有利于缓解内带电。背面接地但温度分布不同时结果对比如图 5-18 和图 5-21 所示。背面接地且背面温度不固定时，E_{max} 随温度降低而显著增大，当 $T(d)=153$K

时，背面出现 E_{max} 达到近 5MV/m；对比之下，另外一种温度分布情况下，由于固定 $T(d)=293K$，得到的 $E(d)$ 几乎不随温度分布变化，低温 153K 时 E_{max} 出现在介质内部，E_{max} 约为 1.5MV/m。

当正面接地但温度分布不同时，结果对比如图 5－19 和图 5－22 所示。两种情况下的电位与场强峰值接近，而电场分布存在较大差异。当固定 $T(0)=293K$ 时，得到正面电场是固定的，对应的低温分布的 E_{max} 出现在介质内部；当固定 $T(d)=293K$ 时，正面温度变化导致 $E(0)$ 随之出现较大改变，低温下的 E_{max} 出现在介质正面（图 5－19（a）），该峰值略大于出现在介质内部的 E_{max}（图 5－22（b））。

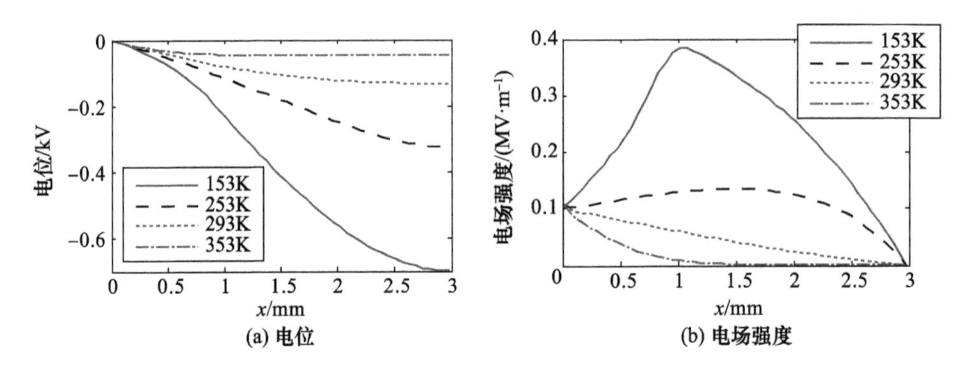

图 5－22　4 种温度分布下的 PCB 内带电计算结果（正面接地，正面温度 293K）

5. 讨论分析

结合以上两种接地条件、2 类温度分布得到的 4 种充电结果，根据电流连续性方程分析内带电规律。

背面接地条件下，根据式（5－13），利用 $E(0)=0$，得

$$\sigma(x)E(x) = j_{in}(x) \triangleq \int_0^x Q_j(x)\,dx \tag{5-15}$$

式中：$j_{in}(x)$ 完全由电荷沉积率 $Q_j(x)$ 决定，不随温度分布和接地条件而变，其沿介质深度具有固定的分布。同理，正面接地条件下，根据式（5－13），利用 $E(d)=0$，得

$$\sigma(x)E(x) = j_{in}(x) - j_{in}(d) \tag{5-16}$$

式中：等号右侧变量沿介质深度具有固定的分布。因此，不同的接地条件对应不同的传导电流密度，而温度分布通过改变 $\sigma(x)=\sigma_{ET}(x)+\sigma_{ric}(x)$，影响电场强度 $E(x)$ 的取值。

得到背面接地和正面接地条件下的传导电流密度 $\sigma_{ric}E(x)$ 如图 5－23 所示，其中背面接地曲线与图 5－17 是一致的。同一深度处，2 种接地条件下的传导电

流密度只相差固定数值 $j_{in}(d)$。从幅值来讲，$\sigma_{ric}E(x)$ 在背面接地时随深度递增，正面接地则递减。为便于讨论，以标注 153K 的 2 种温度分布为例进行分析，从 $x=0$mm 至 $x=3$mm，温度分布分别为 153 ~ 293K 和 293 ~ 153K 对应的 $\sigma(x)$ 如图5 - 24 所示。将温度分布 153 ~ 293K 称作正向温度分布，即温度梯度为正，293 ~ 153K 称作负向温度分布。负向温度分布的 $\sigma(x)$ 随深度 x 单调递减，而因为辐射剂量率随深度的递减导致正向温度分布出现 $\sigma(x)$ 先递减后递增的变化过程。

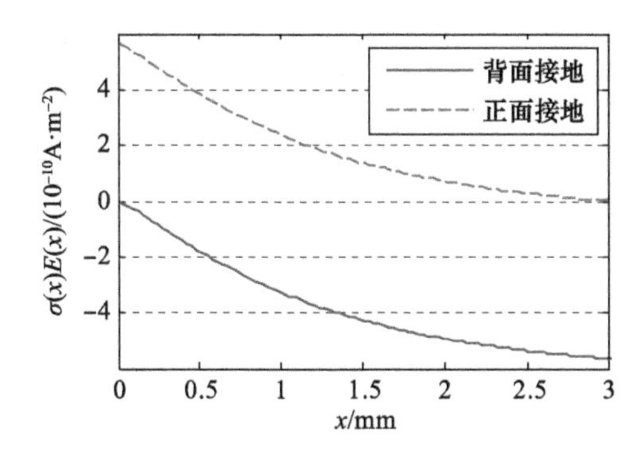

图 5 - 23　两种接地条件下 PCB 内传导电流密度

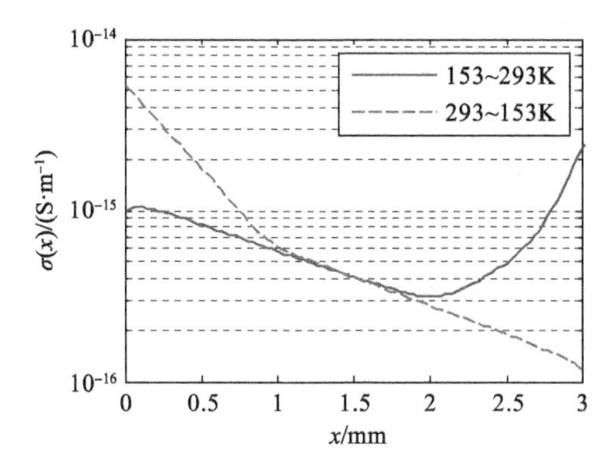

图 5 - 24　两种温度分布情况下 PCB 内总电流密度

根据上述讨论，通过对比图 5 - 23 和图 5 - 24 中的传导电流密度和电导率变化趋势，可以对图 5 - 18、图 5 - 19、图 5 - 21 和图 5 - 22 代表的 4 种情形下的充电结果做出合理解释。首先，温度分布相同情况下，为什么背面接地比正面接地得到的 E_{max} 更大？此时 $\sigma(x)$ 是相同的，以图 5 - 24 中的 293 ~ 153K 曲线为例，$\sigma(x)$ 最小值出现在背面，因为背面接地的传导电流密度在背面达到最高幅值，而正面接地达到最小幅值。因此由欧姆定律知，背面接地得到更大的 E_{max}。同理，可分析 153 ~ 293K 同等温度分布下的结果，此时仍是背面接地充电到更大的 E_{max}，但峰值出现在介质内部。然后，同是背面接地，293 ~ 153K 温度分布较另外一组得到更大

的 E_{max};同是正面接地,153 ~ 293K 对应的 E_{max} 较另外一组稍大,但正面接地的 E_{max} 都不超过 1MV/m。

5.3 非规则接地的电路板内带电三维仿真分析

前述因为侧重温度这一影响因素,接地边界都设置为电路板的整面接地,从而得到一维充电模型。而实际中电路板只存在局部金属走线,因此将存在金属走线的部位视为接地才更加合理。相对于整体接地,将这类局部接地条件称为非规则接地。

5.3.1 电路板模型

取具有非规则接地特征的某电路板局部结构如图 5 - 25 所示,其厚度为 3mm,长为 10mm,宽为 6mm。金属走线位于电路板上表面,线宽 2mm,线长 6mm。忽略金属走线对电荷输运造成的微弱影响,采用与图 5 - 10 一致的电荷输运结果和与表 4 - 1 相同的材料参数进行电位与电场计算。

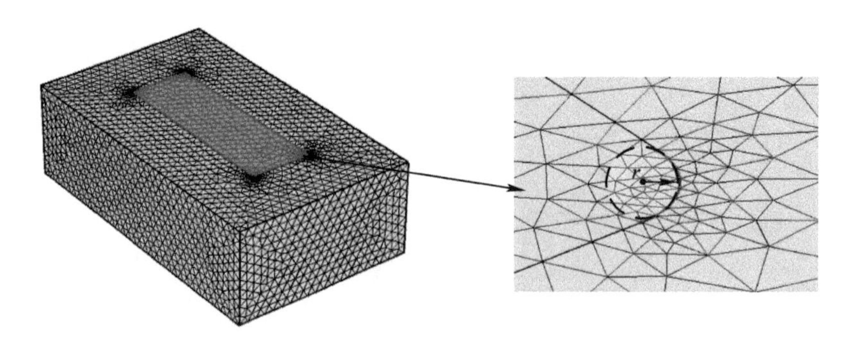

图 5 - 25 电路板结构及其局部加密的网格剖分

为了刻画关键点处的充电情况,在有限元计算中进行局部网格加细,如图 5 - 25所示。电路板上表面金属走线区域为接地边界,其余边界为绝缘边界。采用四面体网格剖分,设置网格最大尺寸为 l_{cell}。记边角曲率半径为 r,边角处的剖分网格尺寸不超过 l_r。利用对称性,只取四分之一的区域进行计算。环境温度为 293K。

5.3.2 网格剖分

非规则接地情况下,需合理设置网格剖分尺度来得到可靠的内带电结果。考虑到电荷输运模拟中离散网格尺度为 0.2mm,令全局网格尺寸不低于 0.2mm,即 $l_{cell} \geqslant 0.2$mm;另一方面,控制 $l_{cell} \leqslant 0.5$mm,以避免网格划分过于粗糙。

固定 $r=0.3\text{mm}$，$l_r=0.05\text{mm}$，得到场强峰值 $E_{\max}$ 和电位峰值 $U_{\max}$ 随 l_{cell} 的变化趋势如表 5－1 所列。其中自由度 Dof 是所求解的未知变量总数，与划分网格数正相关。自由度越大，计算量越大。可见随 l_{cell} 降低，$U_{\max}$ 和 $E_{\max}$ 的幅度都随之增大，$U_{\max}$ 变化幅度可忽略不计，$E_{\max}$ 在 6.0MV/m 附近小范围波动。为兼顾计算效率，本节取 $l_{\text{cell}}=0.3\text{mm}$。边角处的网格加密是相对于特定的边角曲率半径 r 而言的，令 $r\pi/2\geq 10l_r$ 是合理的选择，此时满足四分之一圆弧上至少包含 10 个网格。

表 5－1　场强峰值和电位峰值随 l_{cell} 的变化（$r=0.3\text{mm}$，$l_r=0.05\text{mm}$）

l_{cell}/mm	$E_{\max}$/(MV·m^{-1})	$U_{\max}$/V	Dof
0.2	6.74	−532.9	33178
0.3	6.45	−531.9	10687
0.4	5.49	−531.2	5403

5.3.3　电位与电场强度分布特征和对比分析

根据前述讨论，取 $l_{\text{cell}}=0.3\text{mm}$，$r=0.3\text{mm}$，$l_r=0.04\text{mm}$，得到电路板上表面电位与电场强度分布，如图 5－26 所示，中间区域由于接地，保持零电位。电位幅度在接地区域的外沿陡然增大，且电位峰值出现在介质板边角，此处距离最近的接地点 2.95mm，峰值达 −745V。峰值电位对应的平均电场强度 $E=745/d=2.52\times10^5\text{V/m}$。然而，由于电场在接地区域外沿出现了严重畸变，如图 5－26(b) 所示，这导致场强峰值远大于 $2.52\times10^5\text{V/m}$。峰值电场十分集中，只有在靠近接地边线时，才显著增大到 10^6V/m 以上量级。金属走线边角是最特殊的接地点，此处场强峰值 $E_{\max}$ 达到将近 10^7V/m。可见非规则接地可以导致电场畸变放大近两个数量级。

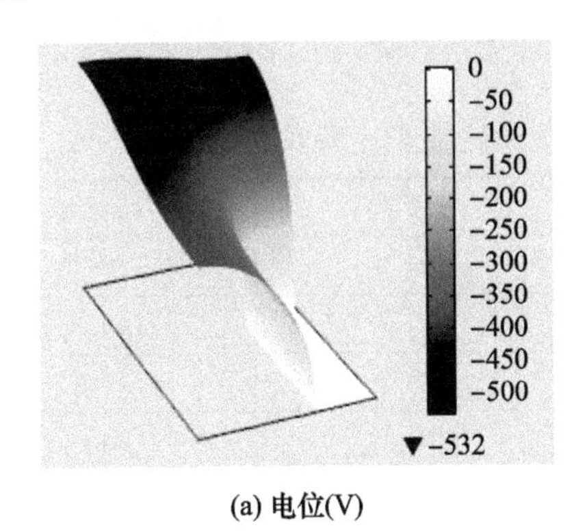

(a) 电位(V)

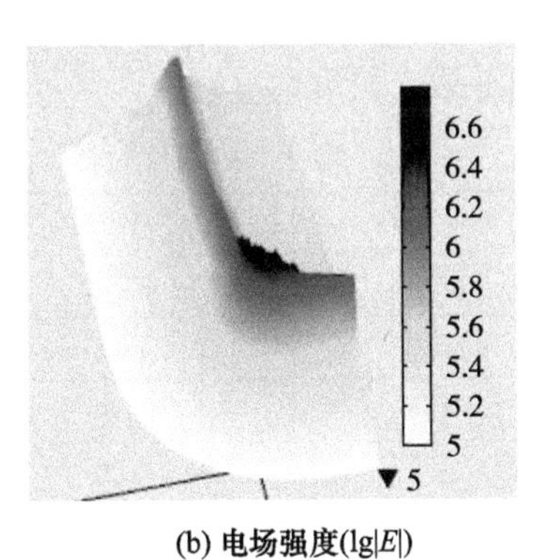

(b) 电场强度(lg|E|)

图 5－26　电路板上表面电位与电场强度分布（见彩图）

电位和电场强度的三维分布如图 5－27 所示，图中箭头长度代表场强的大小（按对数取值）。可以看出，高电位主要分布在介质边界。根据欧姆定理，矢量电场强度分布可体现传导电流的分布。传导电流从接地面流向介质内部，在接地侧最大，随着靠近绝缘边界迅速减小。这与内带电物理过程是一致的，即电子入射并沉积在电路板中，与此同时发生电荷泄漏（等价为传导电流从接地面注入），并逐渐趋于充电平衡。

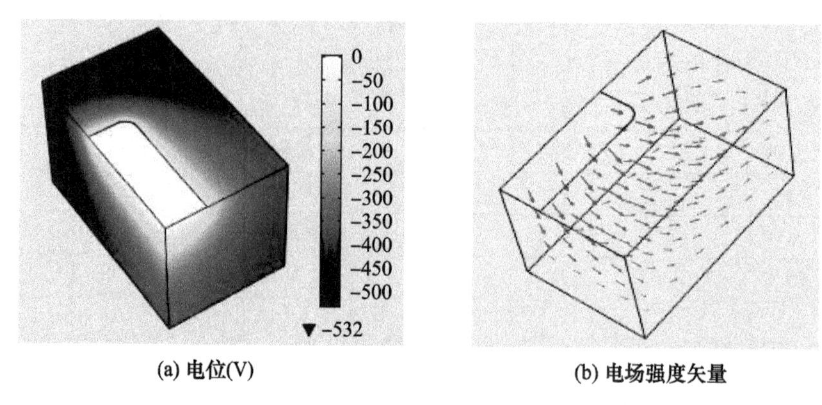

图 5-27　电位和电场的三维分布（见彩图）

5.3.4　金属走线边角曲率半径对场强峰值的影响

表 5-2 为场强峰值与电位峰值随曲率半径 r 的变化结果（仿真中局部网格加细满足 $\pi r/2 = 10l_r$）。结果表明 $|U_{max}|$ 随曲率半径增大缓慢增大，其原因为曲率半径增大使总接地面积减小，介质板顶点到接地点距离相应增大，从而电位升高。对比来看，电场强度较电位变化更加显著。从电荷泄放过程的物理机制考虑，边角处存在电流汇聚现象，而电场强度与电流密度正相关，因而电场变化较电位更加剧烈；从算法角度来讲，这是因为场强是二次求解变量（变量 U 的负梯度），所以电场对空间分辨率较电位更敏感。

表 5-2　场强峰值与电位峰值随曲率半径的变化

r/mm	E_{max}/(MV · m^{-1})	U_{max}/V	畸变率
0.01	33.22	-523.8	179.7
0.05	16.62	-524.4	90.3
0.20	7.47	-528.1	41.2
0.30	6.58	-531.9	36.5
0.50	4.03	-541.6	22.6

定义电场畸变率等于 $|E_{max}/(U_{max}/d)|$，其中 d 为峰值电位点到接地边界的距离，且有 $d=\sqrt{2}(r+2)-r$。除了导致峰值电位的微小变化外，r 还是影响场强峰值和电场畸变率的关键参数。当 $r=0.01$mm 时，场强峰值达到了 33MV/m，畸变率

超过 170 倍。随着曲率半径增大，E_{max} 显著变小，这是因为增大曲率半径，有利于缓解局部电流密度的汇聚程度，从而减缓电场畸变。因此，电路板走线应尽量避免出现尖角。

5.4 SADM 盘环内带电三维仿真分析

如第 1 章所述，SADM 盘环是航天器内带电的重点研究对象之一。介质盘环是航天器典型的复杂介质结构。一维仿真不能实现盘环结构内带电的良好评估，于是采用内带电三维仿真探讨盘环电场与电位分布特征，得到不同屏蔽厚度和不同温度下的充电规律。

5.4.1 建模过程

SADM 介质盘环的上下表面存在同心圆沟道，图 5－28(a)为 3/4 盘环结构示意图。不失一般性，选择具有代表性的局部结构进行分析，如图 5－28(b)所示，该局部结构尺寸为 14.0mm×11.6mm×13.2mm，以坐标(0,2.6,0)为中心，关于 z 轴对称。介质材料为聚酰亚胺，导体为银铜合金。介质与导体接触的边界视为接地。

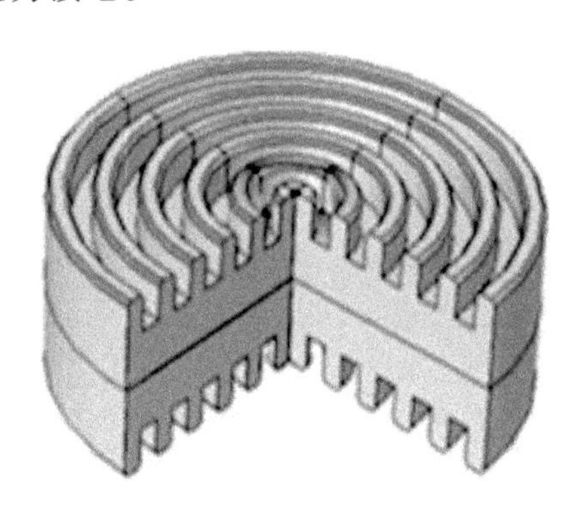

(a) SADM介质盘环示意图 (3/4盘环结构)

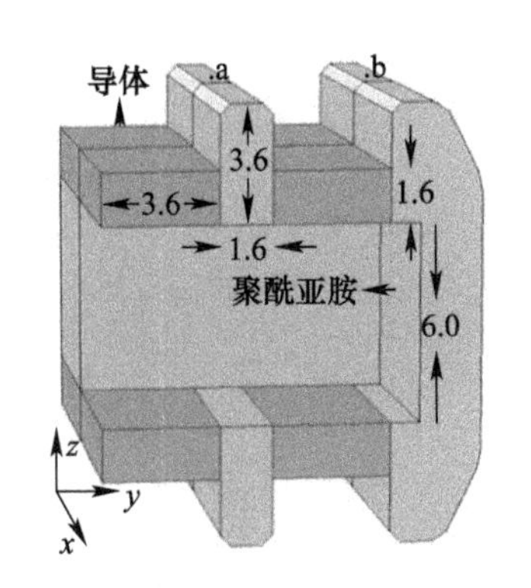

(b) 局部结构与尺寸(单位:mm)

图 5－28　SADM 结构图示

在 SADM 的抗辐射加固设计中，选择适当厚度的屏蔽层是一个关键问题。电荷输运模拟中，在介质结构上方设置一定厚度的屏蔽铝板。为了避免电荷输运模拟中的边界效应，将模型沿 x、y 轴方向适当扩展，输运模拟如图 5－29 所示，屏蔽铝板的下边缘到介质结构的上边缘距离为 5mm。因为航天器本体的遮挡作用，所以设置高能电子束垂直入射屏蔽铝板，电子穿过屏蔽层后沿多个方向入射到介质中。

为了提高计算效率，针对不同厚度 d 的屏蔽铝板，设置不同的高能电子能谱的

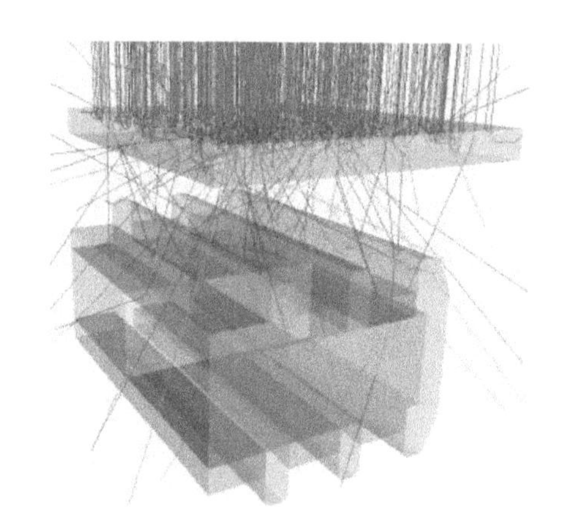

图 5-29 电荷输运模拟(见彩图)

下限,而上限均为 10MeV。取能量下限 E_{low}满足

$$R_{max}(E_{low}) = 0.85d \tag{5-17}$$

式中:R_{max}为按照 Weber 经验公式得到的最大穿透深度。根据前述 Flumic3 模型中电子通量的计算公式(5-11),得到对应的电子通量,见表 5-3。

表 5-3 不同屏蔽厚度对应的能量下限和电子通量的取值

d/mm	E_{low}/MeV	f_e/($cm^{-1} \cdot s^{-1}$)
1.0	0.632	4.34×10^6
1.5	0.863	2.79×10^6
2.0	1.086	1.82×10^6
2.5	1.304	1.20×10^6
3.0	1.521	0.79×10^6
3.5	1.736	0.52×10^6
4.0	1.949	0.35×10^6
4.5	2.162	0.23×10^6
5.0	2.374	0.15×10^6

电荷输运模拟取总电子数 $N_{G4} = 5 \times 10^8$,收敛情况如图 5-30 所示,图中数据取自 2mm 屏蔽情况下坐标点(-3,5.6,4.8)处的结果,可见已经达到统计均匀的要求。介质结构内部的电荷沉积率三维分布切片如图 5-31 所示。对照图 5-28(b),可见导体部位的电荷沉积现象最为显著,主要因为导体的密度显著大于聚酰亚胺。盘环表面的隆起结构中电荷沉积率较大,而导体屏蔽下的介质中电荷沉积率小得多。辐射剂量率具有类似的分布特征。

在有限元数值计算过程中,需要合理剖分网格来避免低估充电水平。初步仿

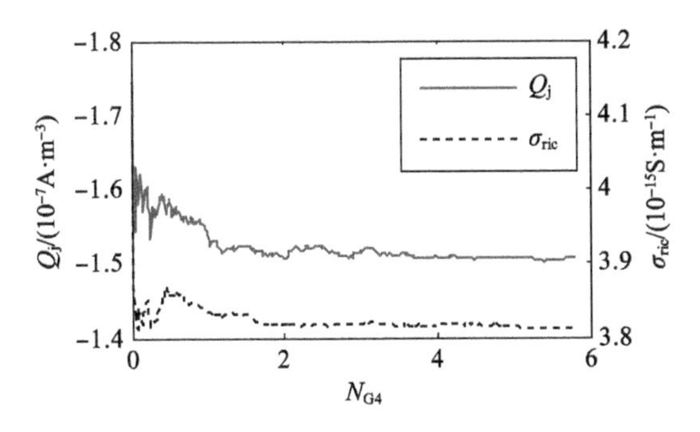

图 5-30　电荷输运模拟的收敛情况

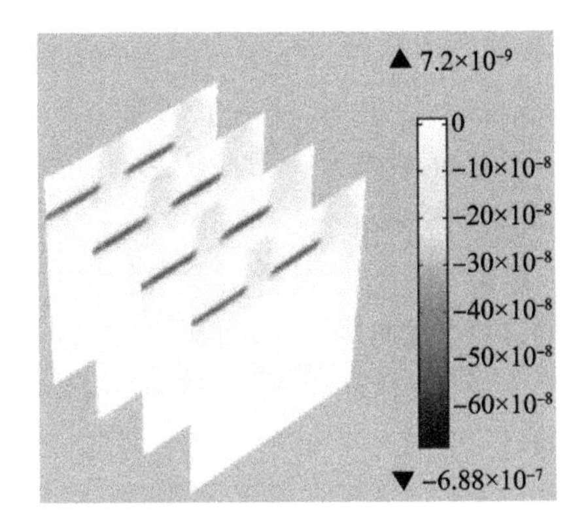

图 5-31　电荷沉积率的三维分布切片(见彩图)

真发现场强峰值出现在介质结构与导体接触的边界点上,如图 5-32 所示,该点处在接地面的边缘,是内部沉积电荷最近的泄放点,存在电流密度汇集的“漏斗”效应。因此,在此处进行网格加密,设置该关键点处网格尺寸不超过 0.001mm,其附

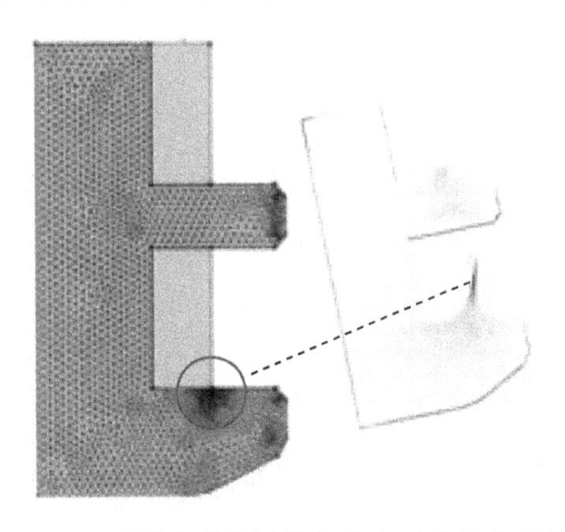

图 5-32　关键点处的网格加密和对应的电场分布

近的网格尺寸逐步过渡增大。参照试验结果，不考虑强场效应下3种温度343K、263K和183K对应的本征电导率σ_{ET}分别取为3.21×10^{-14}S/m、6.83×10^{-16}S/m和4.38×10^{-19}S/m。

5.4.2 电场与电位分布

在GEO恶劣充电环境下（电子能谱满足Flumic3模型），2mm屏蔽铝板263K温度下的充电结果三维分布如图5-33所示。考虑到10^{5}V/m以下的电场强度不具备放电威胁，所以仅图示高于$10^{4.5}$V/m的电场分布，且采用$\lg(|E|)$的形式以增强可视性。

分析充电特征：接地边界电位为0，且绝缘边界上的法向电场强度趋于0（图5-34），所以该结果满足边界条件。由于电子的沉积导致充电为负电位，介质结构上层隆起部位高于接地边界约1.8mm，对应的充电电位约为-180V。右侧隆起部分（图5-28的b处）充电程度显著高于左侧a处，这正是由三维结构决定的，因为b处是单侧接地的，而a处双侧接地。场强峰值出现在b处接地边界线上，因为此处是最近的电荷泄放通道，容易出现电流汇集，从而导致电场畸变增大。进一步考察电场分布，取$x=-3$mm二维截面上的电场等高线和电场强度矢量分布如图5-34所示，等高线颜色越深代表对应的电位幅值越高，箭头代表电场矢量，箭头长度与$\lg|E|$成正比。

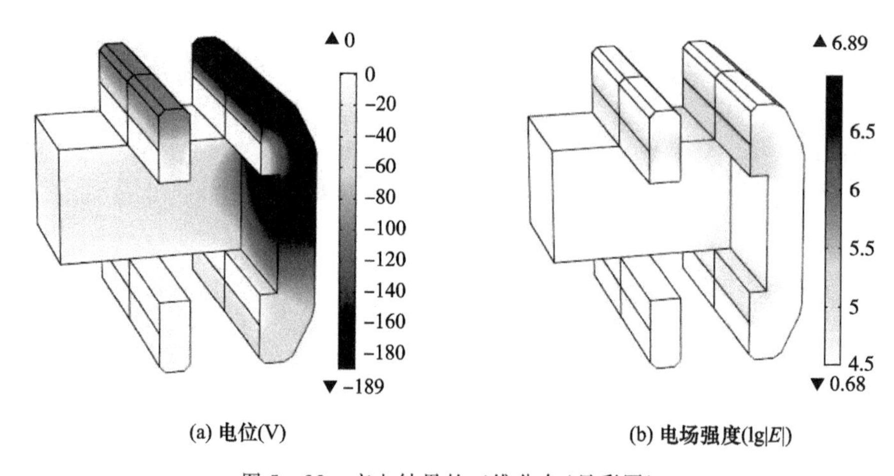

(a) 电位(V)　　(b) 电场强度(lg|E|)

图5-33　充电结果的三维分布（见彩图）

从矢量电场分布结果来看，传导电流密度从接地边界流向介质内部与内部沉积电子中和，内部电场方向朝向高能电子的入射边界，这与第2章讨论的航天器内带电机理分析结果是一致的。电位分布规律表现为：随着靠近接地边界，电位梯度逐渐升高，即电场模值增大，此处是内带电的关键部位。从峰值电场强度方面考

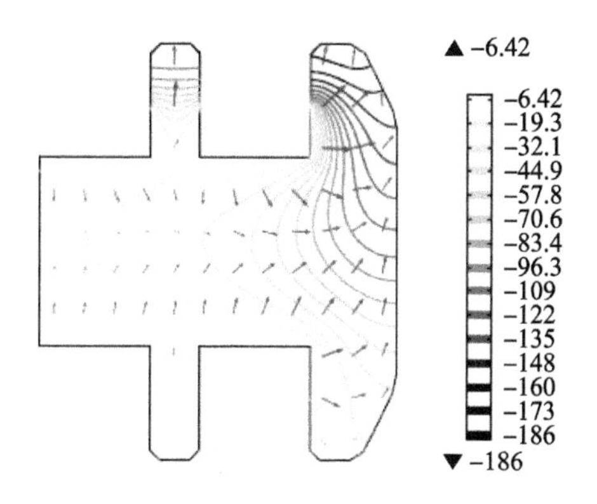

图 5-34　二维截面上的电位(V)与电场矢量分布(见彩图)

虑,SADM 介质盘环内带电最严重部位位于盘环上层介质与金属导电环接触的上边沿。如以上边沿上的点(-3,5.6,4.6)为中点,沿 z 轴上下各 0.2mm 的线段上的电场强度如图 5-35 所示,电场峰值是特别集中的,远离峰值点 0.1mm 处的电场强度骤降一个数量级。注意到介质击穿放电往往正是由局部某个点出现强电场而发展到击穿放电的,因此在航天器 SADM 抗内带电设计中,应特别关注此类充电关键点。

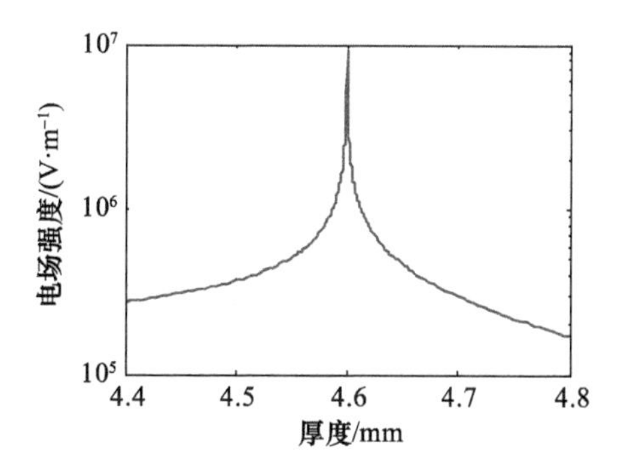

图 5-35　场强峰值点及其附近的电场强度

5.4.3　不同温度下屏蔽厚度对充电结果的影响规律

按照表 5-3 列出的多种屏蔽厚度分别进行仿真计算,得到不同温度下图 5-34 所示的截面内电位与场强峰值随屏蔽厚度变化结果,如图 5-36 所示。图中电位图的纵坐标取反向,以方便考察电位幅度随屏蔽厚度的变化规律。显然,随着屏蔽厚度增大或温度升高,内带电得到缓解。其原因是增加屏蔽厚度使得电荷沉积率下降,而升温导致电导率升高,前者有效限制了高能电子入射导致的介质内部电荷沉积,后者有助于加快电荷泄放速度,所以都会取得缓解内带电的效果。

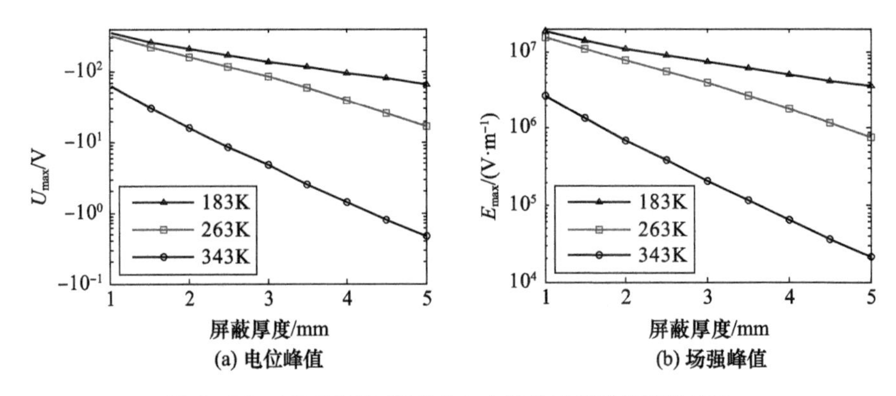

图 5 - 36　3 种不同温度下充电水平关于屏蔽厚度的变化

值得注意的是,充电结果随屏蔽厚度增大的下降趋势在不同温度下的表现差异很大。考虑到内带电过程受 Q_j 和 σ_{ET}、σ_{ric} 等关键参数的影响,为此将不同屏蔽厚度下的相关参数进行归一化,得到不同温度下归一化电荷沉积率和总电导率随屏蔽厚度的变化趋势如图 5 - 37 所示。

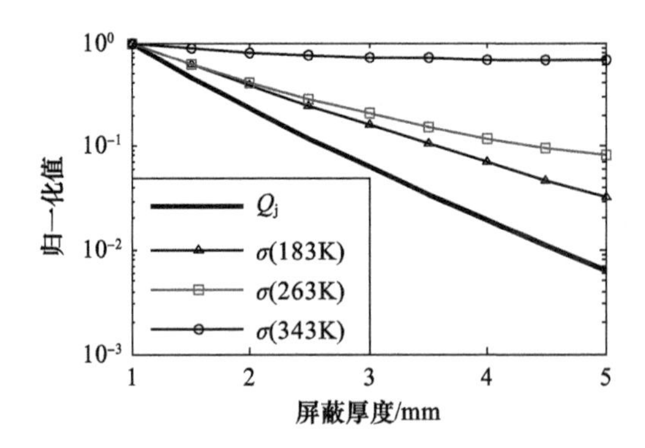

图 5 - 37　归一化电荷沉积率和总电导率

以 1mm 屏蔽下点(-3,5.6,4.6)处 Q_j 和 σ 分别取值 $1.32 \times 10^{-6} A/m^3$ 和 $3.28 \times 10^{-14} S/m$ 为参照进行归一化,3 种温度由低到高对应的 σ_{ET} 取值 4.38×10^{-19},6.84×10^{-16} 和 3.22×10^{-14}。从图 5 - 37 容易看出 Q_j 随屏蔽厚度增加的下降幅度较 σ 更大,所以屏蔽能够有效缓解内带电。然而,相对来讲,屏蔽效果随着温度降低有所减弱。分析其原因:在较低温度下,σ_{ric} 是 σ 的主要组成部分,增大屏蔽厚度不仅降低了 Q_j,而且造成 σ_{ric} 显著下降(从图 5 - 37 可以看出来),从而低温下的屏蔽效果出现缩水,即使 3mm 屏蔽下也有可能达到 10^7 V/m 量级的电场强度,只是需要更长的充电时间,即电导率越低,充电平衡时间越长。如图 5 - 38 所示,随着温度降低,电导率下降,充电时间显著增大。当温度为 183K 时,充电平衡时间约为 15h。考虑到造成严重内带电的充电环境可能持续几天时间,所以低温下的航天器内带电危害不容低估。

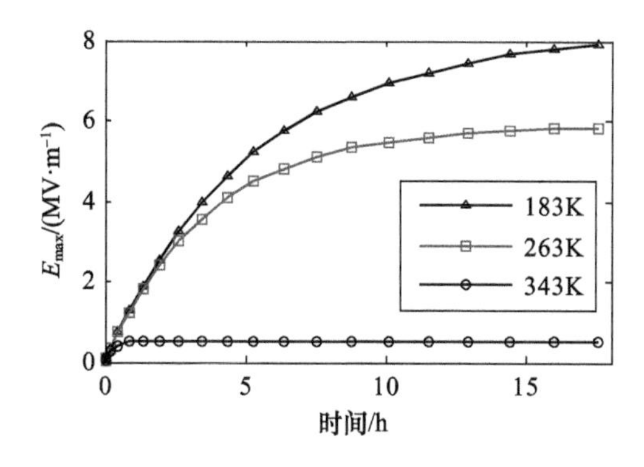

图 5－38　2mm 屏蔽下点（－3，5.6，4.6）处场强

5.5　天线支撑介质结构充电评估

地球静止轨道(GEO)位于地球外辐射带边沿,该轨道环境既包含引发严重表面充电的等离子体,也存在高能电子辐射。运行于 GEO 的航天器面临着较严重的带电威胁。航天器蒙皮外侧的天线支架通常为绝缘介质结构,容易发生充放电事件。针对某螺旋天线单元,进行带电评估。初步研究并不考虑等离子体对充电的影响,提出综合考虑高能电子辐射和等离子体作用的外露介质充电模型做铺垫。

5.5.1　结构特征与仿真设置

该天线单元的介质支架近似为空心圆柱,材料为环氧树脂,螺旋天线缠绕在支架上。不失一般性,截取支架结构的一段进行仿真,其长度为 12mm,包含 1 圈螺旋天线(天线半径 1.3mm),横截面圆环外半径为 20mm,内半径为 17.4mm,材料为环氧树脂,天线为良导体并与介质保持良好接触,如图 5－39(a)所示,表层与螺旋天线接触的区域宽度为 1.8mm。

电荷输运模拟时,为了避免边缘效应,截取天线部分的长度适当大于 12mm,高能电子从模型外围的虚拟柱面(半径为 25mm,与内部对象同高)的内侧向介质结构入射,见图 5－39(b),电子能谱符合式(3－9)所示的 Flumic 模型,能量范围为 0.03MeV～10MeV,方向角满足余弦分布,模拟各向同性的辐射环境,对应 $f_e = 2.76 \times 10^{11} \mathrm{m}^{-1} \cdot \mathrm{s}^{-1}$。数据采集满足厚度方向至少 7 层网格,结果满足统计均匀性,σ_{ric}的计算参数见表 3－1。

对于外露介质的深层充电研究,按照相关标准,将模型中与等离子体存在直接相互作用的边界设置为接地条件,其原因是等离子体可以及时中和由深层充电导致的表面电荷。按照同样的逻辑,介质结构的表层与螺旋天线接触的部分同样为接地条件,其余边界为绝缘边界。如此,该模型退化为单面接地的一维模型(沿圆

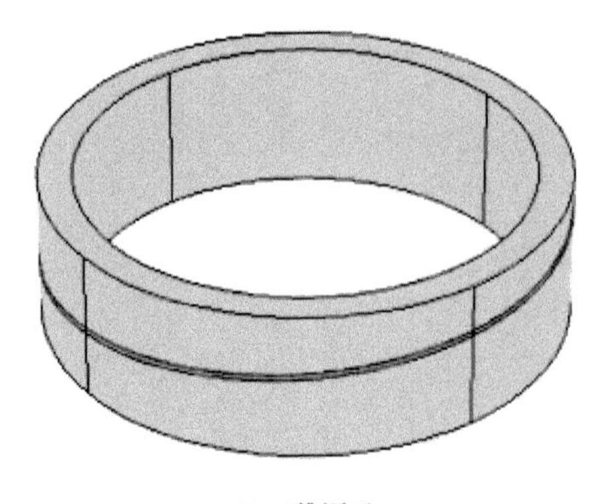

(a) 三维图示

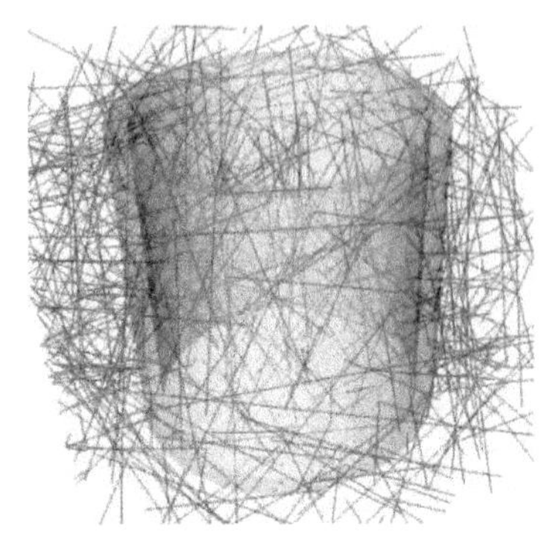

(b) 电荷输运模拟

图 5－39　天线及其支架模型仿真部分模型(见彩图)

柱壁厚度方向)。考察温度为 293K,本征电导率 $\sigma_T=2.5\times10^{-15}$S/m。

5.5.2　初步仿真结果

取厚度方向的 Q_j 和 σ_{ric}如图 5－40 所示。外表面的 σ_{ric}最大,随着深度增加,出现了先降低后升高的趋势,这是由于反方向入射的部分高能电子击穿介质后,成为圆柱内表面的入射电子,此部分高能电子相对较少,所以内侧表面电导率不会超过外层电导率。鉴于连续电子能谱入射情况下 Q_j 和 σ_{ric}随入射深度的变化趋势是一致的,因此不难理解此处 Q_j 的变化规律。内部电子沉积导致充电为负电位,且随着深度增加,电位逐渐升高,到内表面达到－736V。

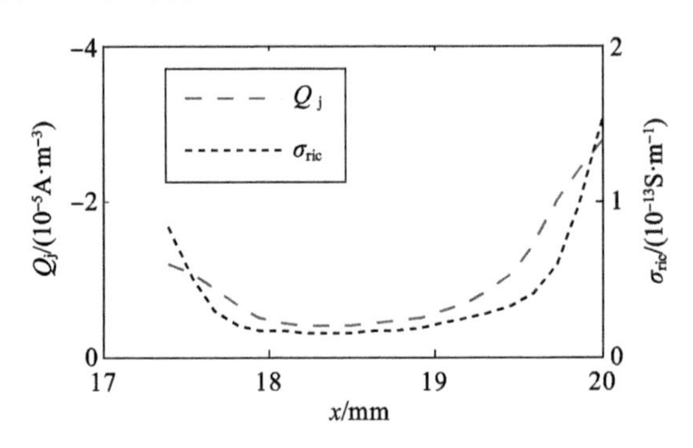

图 5－40　沿圆柱径向变化的 Q_j 和 σ_{ric}示意图

不同充电时间沿厚度方向的电位与电场强度分布如图 5－41 所示。充电约 2h 便达到平衡状态,对应的场强峰值约为 0.4MV/m。与通常得到的场强峰值出现在接地点不同,此处的场强峰值出现在介质内部。这是因为 293K 温度下对应的本征电导率为 10^{-15}S/m 量级,导致总电导率由图 5－40 所示的 σ_{ric}决定,可见右端接地点处电导率显著大于内部电导率,导致场强峰值出现在内部。

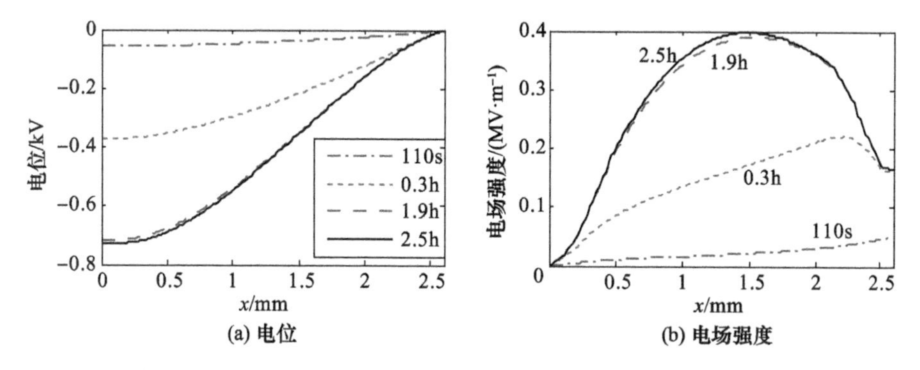

图 5-41 不同时刻的电位与电场分布

回顾边界条件设置,将模型的外表面视为接地是一种简单的近似方案。实际上,外表面与等离子体相互作用,会产生一定的电位,而且螺旋天线对应于另外一种电位。要实现更加准确的充电仿真,需要采用外露介质充电模型来解决该问题。

第6章　航天器外露介质充电模型

前面几章对航天器内带电(航天器蒙皮内部介质深层充电)做了一些讨论。实际上,航天器蒙皮之外也存在着非薄膜介质结构,在缺少任何屏蔽的情况下,也会发生介质深层充电。不仅如此,外露介质还直接与周围等离子体发生相互作用,容易产生不可忽视的表面充电。为了全面考虑外露介质充电过程,本章建立外露介质充电模型,并展开分析。

6.1　需求分析与研究现状

航天器蒙皮外侧除了薄层介质之外,还存在许多具有一定厚度(毫米量级)的介质结构,如外露线缆绝缘层和支撑天线的介质结构。这类外露介质一旦遭遇高能电子辐射,就会出现介质深层充电现象,不仅如此,它们与空间等离子体存在相互作用,所以表面充电成为影响充电过程的不可忽略的因素。虽然外露介质通常远离内部核心电子系统,但其附近往往存在各种功能的探测设备和电力及信号传输组件,因此充放电事件不能忽视。

通过调研发现,关于航天器外露介质深层充电的研究极少,而兼顾表面充电与深层充电因素的外露介质充电研究更是未见报道。这是否意味着实际中的充电环境不会导致上述外露介质充电情况呢?其实不然。对于地球同步轨道环境,基于以下两点考虑,有理由相信开展这方面研究的必要性和现实意义。众所周知,高轨道地球卫星不仅会遭遇严重的表面充放电事件,而且面临内带电风险,这分别得到了 SCATHA 和 CRRES 的在轨试验证实。因为深层充电的时间常数远大于表面充电时间,所以在发生外露介质深层充电之后,外露介质表面电位的起伏变化至少会影响外露介质充电的边界条件,对整体充电过程产生不可忽视的重要影响。例如已经得到在轨试验证实的航天器表面电位跳变事件,由电位跳变造成航天器结构地或局部外露介质表面电位发生瞬变,影响整个充电过程。关于同时出现两种恶劣充电环境的研究,这方面未见报道。此外,虽然在光照情况下,未见表面充电与深层充电同时出现,但是严重的表面充电事件大多数发生在阴影环境,而 CRRES 为了节省电力,并未监测阴影环境下的表面电位。因此,不能简单排除外露介质可能同时遭遇严重表面充电与深层充电的特殊情况。

综上,为全面评估外露介质的充电过程,需要兼顾表面充电与深层充电。目前有的几大仿真软件,如 Nascap-2k、SPIS,均没有考虑外露介质的表面充电与介质内充电协同仿真。因此,有必要建立外露介质充电模型,解决外露介质充电评估问题。

6.2 外露介质充电模型的构建

6.2.1 航天器介质表面充电

航天器表面充电过程如图 6-1 所示,厚度为 d 的介质板背面与航天器结构地保持欧姆接触,正面(上表面)与空间等离子体相互作用。

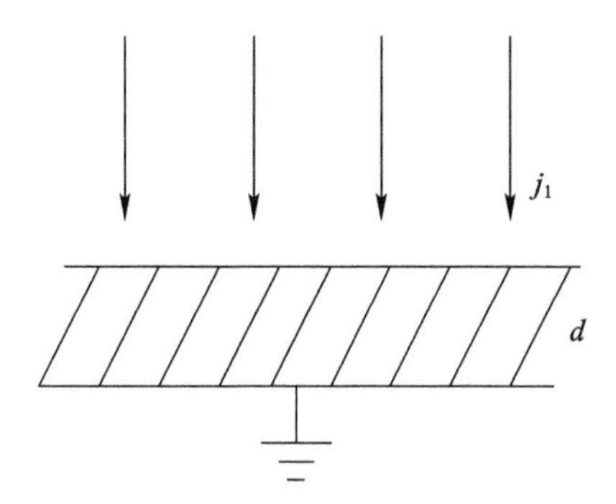

图 6-1 航天器介质表面充电过程

假设介质表面的入射电流密度为 j_1,它包括入射电子电流 j_e、电子二次电子电流 j_{se}、入射电子导致的背散射电子电流 j_{be}、离子电流 j_i、离子二次电子电流 j_{si} 和光电子电流 j_{pe},即

$$j_1 = j_e + j_{se} + j_{be} + j_i + j_{si} + j_{pe} \tag{6-1}$$

记介质表面电位为 $U(0)$,航天器结构地电位为 $U(d)$,那么表面充电的控制方程为

$$C_0 \frac{\mathrm{d}U(0)}{\mathrm{d}t} = j_1(U(0)) - j_c(U(0)) \tag{6-2}$$

式中:C_0 为航天器单位表面积电容;j_c 为介质从表面到背面方向的传导电流密度,且有 $j_c = \sigma(U(0) - U(d))/d$。式(6-2)代表航天器局部介质的表面充电模型,当考虑整个航天器的悬浮电位时,$j_c = 0$。式(6-1)中的各项电流密度的计算如下:

在等离子体满足麦克斯韦速率分布情况下,以温度为 T_e 的电子为例,其速率分布函数满足

$$f(E_e) = n_e\left(\frac{m_e}{2\pi kT_e}\right)^{3/2}\exp\left(-\frac{E_e}{kT_e}\right),\quad E_e = \frac{1}{2}m_e v_e^2 \tag{6-3}$$

式中：n_e、m_e、kT_e、v_e 分别为电子的浓度、质量、能量（eV）和速率；k 为玻耳兹曼常数。将式（6－3）中符号下标换成‘i’就得到离子速率分布函数。对于双麦克斯韦分布，下标‘ek’和‘ik’分别代表电子和离子的第 k（$k=1,2$）组分。

当表面电位 $U\leqslant 0$ 时，只有能量 $E_e > -eU$ 的部分电子可以到达介质表面，也就是说到达表面能量为 $E_e\geqslant 0$ 的电子对应于初始能量为 $E_e - eU$，此处 $e>0$ 是单位电子电量绝对值。积分可得

$$j_e(U) = -e\frac{2\pi}{m_e^2}\int_0^\infty Ef(E-eU)\mathrm{d}E = j_{e0}\exp\left(\frac{eU}{kT_e}\right) \tag{6-4}$$

式中：$j_{e0} = -en_e\sqrt{kT_e/2\pi m_e}$ 为表面零电位对应的入射电子电流密度，该式的负号代表以入射介质表面电流为正。记能量为 E_e 的入射电子对应于二次电子发射系数为 $Y_{se}(E_e)$，那么入射电子导致的二次电子电流密度为

$$j_{se}(U) = e\frac{2\pi}{m_e^2}\int_0^\infty Y_{se}(E_e)E_e f(E_e)\mathrm{d}E_e\exp\left(\frac{eU}{kT_e}\right) \tag{6-5}$$

与式（6－4）相比，式（6－5）符号差异代表二次电子是远离介质表面的。用背散射电子发射系数 Y_{be} 替代 Y_{se}，可得到背散射电子电流密度。负电位对离子存在吸引作用，根据轨道限制模型，入射离子电流密度为

$$j_i(U) = j_{i0}\left(1-\frac{eU}{kT_i}\right) \tag{6-6}$$

式中：$j_{i0} = en_i\sqrt{kT_i/2\pi m_i}$ 为表面 0 电位对应的离子入射电流密度；n_i、m_i、kT_i 分别为离子浓度、质量和能量，该模型适用于 GEO 环境。由于库伦力吸引作用，能量为 E_i 的离子到达介质表面，对应的能量增大到 $E_1 - eU$（$U<0$），因此离子的二次电子电流密度为

$$j_{si} = e\frac{2\pi}{m_i^2}\int_0^\infty Y_{si}(E-eU)Ef(E)\mathrm{d}E(1-eU/kT_i) \tag{6-7}$$

当介质表面电位 $U>0$ 时，电子被吸引，离子被排斥，对应的各个电流密度分量为

$$\begin{cases} j_e(U) = j_{e0}\left(1+\dfrac{eU}{kT_e}\right) \\ j_i(U) = j_{i0}\exp\left(-\dfrac{eU}{kT_i}\right) \\ j_{se}(U) = e\dfrac{2\pi}{m_e^2}\displaystyle\int_0^\infty Y_{se}(E+eU)Ef(E)\mathrm{d}E\left(1+\dfrac{eU}{kT_e}\right)\exp\left(-\dfrac{U}{2}\right) \\ j_{si} = e\dfrac{2\pi}{m_i^2}\displaystyle\int_0^\infty Y_{si}(E)Ef(E)\mathrm{d}E\exp\left(-\dfrac{eU}{kT_i}\right)\exp\left(-\dfrac{U}{5}\right) \end{cases} \tag{6-8}$$

考虑到二次电子能量比较低，当正电位超过一定阈值后，会阻碍二次电子发射，也就是说j_{se},j_{si}最后一项分别表示该阈值电压为2V和5V。对于光照导致的二次电子发射过程，一般针对特定材料来直接约定光电子电流密度j_{pe}。因为航天器严重充放电事件基本都是发生在阴影环境下，所以本项目侧重分析阴影环境下的充电过程，并不考虑j_{pe}。

6.2.2 外露介质充电模型

在介质深层充电模型（式(3-13)）和表面充电模型（式(6-2)）的基础上，通过引入介质表面入射电流来考虑表面充电与深层充电的相互作用，得到外露介质充电模型（SICCE）如图6-2所示。模型中出现了4个界面，即等离子体与介质表面相互作用的界面S_1、介质和航天器结构体相接触的界面S_2、航天器结构体和等离子体相互作用的界面S_3和介质背面局部绝缘边界$S_{insulation}$，其对应面积分别记为$|S_1|$，$|S_2|$，$|S_3|$和$|S_{insulation}|$。与表面充电模型或介质深层充电模型相比，该模型可以综合考虑表面入射电流和介质内部电荷沉积率的作用。模型的推导过程如下：

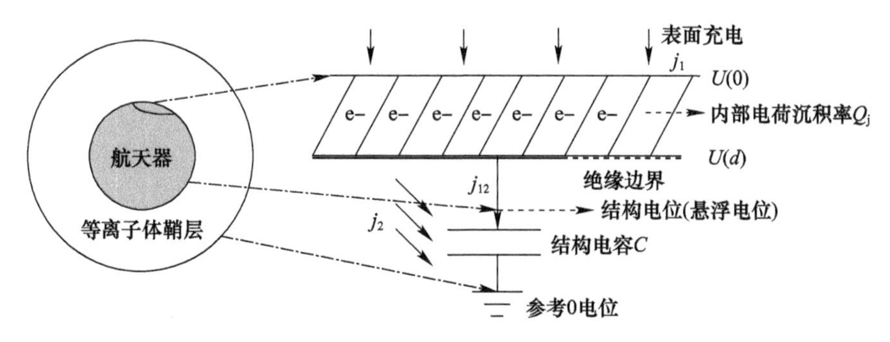

图6-2 外露介质充电模型示意图

航天器悬浮在空间环境中，其电容不超过几百皮法，远小于地球电容，因此航天器结构地并不是地球环境下的零电位，而是相对于周围等离子体存在相对电位。具体来讲，当航天器充电电位不为0时，在其附近存在等离子体鞘层。鞘层中的电位分布规律是：随着远离航天器而降低，直到鞘层边缘降低为0，因为鞘层厚度趋近于无穷大，所以一般认为在远离航天器达到等离子体无穷远处的电位是等离子体零电位，即航天器结构充电的参考电位。

当引入表面入射电流之后，得到的表面电位是相对于周围等离子体而言的，这与深层充电中的结构地电位是不同的。因此，需要在外露介质充电模型中考虑航天器结构体的充电过程，从而统一参考电位为等离子体零电位。记航天器单位表面积电容为C_0，等离子体到航天器结构体的充电电流密度为j_2，从介质到结构体

的充电电流密度为 j_{12}，于是航天器结构体电位 U 满足

$$C_0\frac{\mathrm{d}U}{\mathrm{d}t}\Big|_{S_3}=c_{\mathrm{r}}\boldsymbol{n}\cdot\boldsymbol{J}\big|_{S_2}+j_2(U\big|_{S_3}) \tag{6-9}$$

式中：$c_{\mathrm{r}}=|S_2|/|S_3|<1<1$ 代表界面 S_2 对 S_3 的比例。

将表面充电电流密度和式(6-9)分别作为介质上下表面充电的边界条件，然后联立电荷守恒定律方程就得到外露介质充电模型，它的控制方程为

$$\begin{cases}\nabla\cdot\boldsymbol{J}=Q_{\mathrm{j}}\\ \boldsymbol{J}=\varepsilon\partial\boldsymbol{E}/\partial t+\boldsymbol{J}_{\mathrm{c}}\end{cases} \tag{6-10}$$

式中：$\boldsymbol{J}_{\mathrm{c}}$ 为介质的传导电流密度。边界条件为

$$\begin{cases}-\boldsymbol{n}\cdot\boldsymbol{J}\big|_{S_1}=j_1(U\big|_{S_1})\\ C_0\mathrm{d}U/\mathrm{d}t\big|_{S_3}=c_{\mathrm{r}}\boldsymbol{n}\cdot\boldsymbol{J}\big|_{S_2}+j_2(U\big|_{S_3})\\ \boldsymbol{n}\cdot\boldsymbol{J}\big|_{S_{\mathrm{insulation}}}=0\end{cases} \tag{6-11}$$

式中：第一个边界条件代表外露介质与等离子体存在相互作用；第二个边界条件涵盖了航天器结构体充电过程以及结构体与外露介质充电的相互作用；最后一个边界条件泛指介质结构中存在的绝缘边界条件，如图6-2中所示介质背面只是局部与结构体接触，而且背面不受空间等离子体的影响，故需要设置为绝缘边界。该模型中，介质表面和航天器结构电位都是相对于空间等离子体的，达到了统一参考电位的目的。

考虑到航天器实际结构表面可能存在多种导体材料，那么式(6-9)中的表面入射电流 j_2 将对应于每种材料都有一个特定的表达式。为了能够仿真多种导体材料对结构体表面充电的作用，拓展 SICCE 模型的边界条件，将式(6-11)的第二项改写为

$$C_0\mathrm{d}U/\mathrm{d}t\big|_{S_3}=c_{\mathrm{r}}\boldsymbol{n}\cdot\boldsymbol{J}\big|_{S_2}+\sum_{i=1}^{N}r_i j_{2_i}(U\big|_{S_{3_i}}),\quad \sum_{i=1}^{N}r_i=1 \tag{6-12}$$

式中：N 代表结构体包含 N 种不同的外露导体材料，每种材料对应边界为 S_{3i}，面积为 $|S_{3i}|$。每种材料的表面积占外露导体总表面积的比例为 $r_i=|S_{3i}|/|S_3|$。为了讨论方便，这里仅考虑式(6-11)代表的航天器结构体表面为单一导体的充电情况。

将提出的外露介质充电模型命名为 SICCE (surface and internal coupling charging model for exposed dielectric)，它的特点和优势在于：①能够兼顾外露介质充电过程中的表面入射电流、高能电子入射导致的内部电流和介质本身的传导与位移电流，有利于更加全面地评估外露介质充电；②模型中电导率可以综合考虑温度、辐射剂量率和强电场的影响；③它是时域三维仿真模型，可以考察空间等离子

体或高能电子辐射环境波动对充电结果的影响,例如辐射诱导电导率的衰减过程对充电结果的影响;④不受制于任何二次电子表达式,可以采用最新最准确的二次电子表达式来得到可靠的计算结果;⑤统一了充电参考电位为空间等离子体零电位,使得仿真电位具有与实测数据的可比性。

6.3 SICCE 的稳态求解及对比验证

本节给出 SICCE 的一维稳态解法,通过与表面充电和深层充电对比计算结果,一方面验证计算结果的正确性,另一方面表明所提出充电模型的意义。

6.3.1 稳态解

在一维情况下,介质板背面电位 $U(d)$ 等于航天器结构电位。稳态解是充电平衡解,此时 SICCE 模型中关于时间 t 的偏导数等于 0,得到一维稳态模型为

$$\begin{cases} \sigma(x)\dfrac{\partial^2 U}{\partial x^2}+\sigma'(x)\dfrac{\partial U}{\partial x}=-Q_j \\ \dfrac{\mathrm{d}U}{\mathrm{d}x}\Big|_{x=0}=-j_1(U(0))/\sigma(0) \\ c_r\dfrac{\mathrm{d}U}{\mathrm{d}x}\Big|_{x=d}=j_2(U(d))/\sigma(d) \end{cases} \tag{6-13}$$

参照典型的常微分方程解法可以得到该模型的唯一解。首先对控制方程一次积分,可得

$$F(x)=\frac{\partial U}{\partial x}=\exp\left(\int_0^x p(x)\mathrm{d}x\right)\left[\int_0^x q(x)\exp\left(-\int_0^x p(x)\mathrm{d}x\right)\mathrm{d}x+c_1\right] \tag{6-14}$$

于是有

$$U(x)=\int_0^x F(s)\mathrm{d}s+c_0 \tag{6-15}$$

$$p(x)=-\sigma'(x)/\sigma(x),\quad q(x)=-Q_j(x)/\sigma(x)$$

式中:c_0、c_1 为待定系数。利用边界条件可得

$$\begin{cases} c_1+j_1(c_0)/\sigma(0)=0 \\ c_rF(d)-j_2(U(d))/\sigma(d)=0 \end{cases} \tag{6-16}$$

因为 q,p 是已知的，$F(d)$，$U(d)$ 都是关于 c_1,c_2 的函数，所以由式(6-16)可得 c_0，c_1，从而得到模型的解 $U(x)$，继而通过 $E=-\nabla U$ 得到电场强度。只要式(6-16)的解是唯一存在的，那么一维稳态模型式(6-13)的解便是唯一存在的。求解过程中表达式 q,p 是数值离散型的，因此采用数值积分方式进行计算。Matlab 中的函数 cumtrapz 可以解决该问题。

以上是电导率分布 $\sigma(x)$ 为固定值下的算法，当进一步考虑电场强度对电导率的影响时，可以采用图 3-15 所示的迭代算法进行求解。通过验证计算结果是否满足电荷守恒定律，可以检验算法的可靠性和计算精度。

6.3.2 满足 Flumic3 的连续电子能谱辐射下外露介质电荷输运模拟

电荷输运模拟是外露介质充电仿真的关键环节。由于不存在任何屏蔽，取能谱范围 0.03 ~ 10MeV。考虑外露聚酰亚胺平板，厚度为 3mm，高能电子从单面以余弦方式入射平板介质，电子通量 $f_e=2.7593\times10^{11}\mathrm{m^{-2}s^{-1}}$，得到 Q_j 和辐射剂量率 $\dot{D}$ 如图 6-3 所示。与单能电子入射会在介质内一定深度出现 Q_j 和辐射剂量的峰值不同(见图 4-25)，连续谱电子入射无屏蔽材料得到 Q_j 和 $\dot{D}$ 随深度增加近似呈指数衰减。这是因为连续能谱入射情况实际上是多个单能电子入射的叠加，又因为此处的入射电子通量随能量增大呈指数减小，所以各个单能电子入射对应的电荷沉积和辐射剂量峰值迅速减小。因为电子入射深度与电子能量成正比，所以就得到图 6-3 所示的变化趋势。

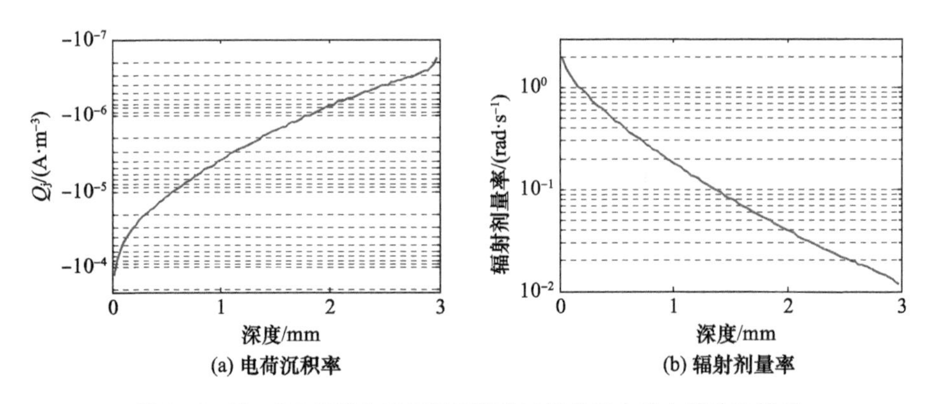

图 6-3 Flumic3 高能电子辐射下聚酰亚胺外露介质电荷输运结果

6.3.3 表面充电电流的计算与对比验证

要准确评估航天器充电结果，必须采用尽可能准确的二次电子发射公式，尤其是 Y_{se} 对充电结果产生重要影响。本节采用与 Nascap-2k 和 SPIS 权威软件相同的 Y_{se}，即 Katz 型二次电子发射公式；而 Y_{be} 和 Y_{si} 的表达式由 ESA 提供的表面充电在线计算软件 Spenvis 的帮助文件得到。

考虑厚度为 3mm 的聚酰亚胺平板，其内部充电的电荷输运模拟结果与图 6－3 一致。对照图 6－2 所示的 SICCE 模型，上表面对应模型中的 S_1 边界，与等离子体直接相互作用；下表面为 S_2 边界，与航天器结构体保持欧姆接触；结构体材料为铝。表面充电电流 j_1 和 j_2 中二次电子电流密度的计算参数分别取自聚酰亚胺和铝，见表 6－1，其中：r_1、n_1、r_2、n_2 为 Katz 二次电子系数中的电子入射深度参数；Y_{max} 和 E_{maxe} 分别为高能电子垂直入射时最大二次电子发射系数和对应的入射电子能量；Z 为材料的原子序数或等价原子序数，用来决定背散射电子系数；Y_{1keV} 代表 1keV 能量的质子垂直入射材料表面产生的二次电子发射系数；E_{maxi} 为离子最大二次电子发射系数对应的入射离子能量。

表 6－1　材料的二次电子与背散射电子发射系数

参数	r_1/(10^{-10}m)	n_1	r_2/(10^{-10}m)	n_2	Y_{max}	E_{maxe}/keV	Z	Y_{1keV}	E_{maxi}/keV
铝	154	0.80	220	1.76	0.97	0.30	13	0.244	230
聚酰亚胺	70	0.60	300	1.75	1.90	0.20	5	0.455	140
环氧树脂	75	0.50	150	1.70	1.60	0.35	10	0.455	140
聚四氟乙烯	45	0.40	218	1.77	3.00	0.30	7	0.455	140
黑色聚酰亚胺(black kapton)	80	0.60	200	1.77	2.50	0.30	5	0.455	140

铝和聚酰亚胺的二次电子发射系数如图 6－4 所示，图中 <Yield> 是关于等离子体温度的平均发射系数，定义为二次电子电流与初次入射电子电流之比，表达式为

$$\langle \text{Yield} \rangle = \frac{\int_0^{\infty} E_e f(E_e)(Y_{se}(E_e) + Y_{be}(E_e))\mathrm{d}E_e}{\int_0^{\infty} E_e f(E_e)\mathrm{d}E_e} \tag{6-17}$$

将 <Yield> =1 对应的较大电子温度称为充电阈值温度，可见铝的阈值温度较聚酰亚胺更低，这将导致铝的平衡电位更负。

与 Spenvis 表面充电计算软件做对比，均考虑 GEO 恶劣表面充电环境（等离子体参数见表 6－2），其中 1 和 2 分别代表两种组分的等离子体，得到不同电位情况下对应的充电电流密度结果见表 6－3。通过与 Spenvis 表面充电计算结果对比，良好的一致性表明上述电流密度计算是正确的。注意到表面电位 －10kV 情况下的总充电电流仍为负值，所以平衡态趋于更负电位。

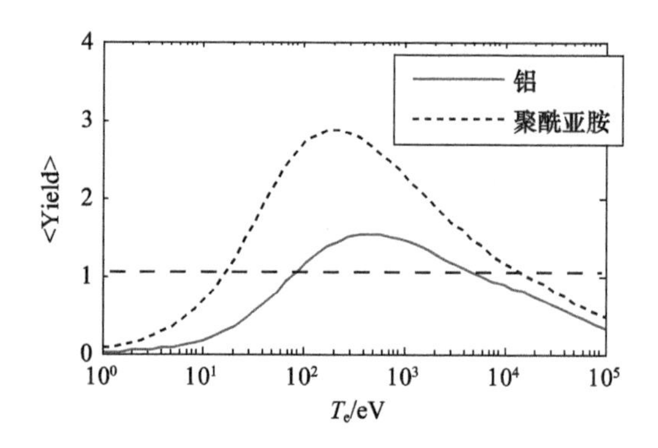

图 6-4 铝和聚酰亚胺的平均二次电子发射系数

表 6-2 GEO 恶劣表面充电环境参数

参数	能量/eV	浓度/($10^6 m^{-3}$)
电子 1	400	0.2
电子 2	27500	1.2
质子 1	200	0.6
质子 2	28000	1.3

表 6-3 不同电位情况下的充电电流密度

电压		电流密度/($nA \cdot m^{-2}$)					
		j_e	j_{se}	j_{be}	j_i	j_{si}	j_1(总电流)
$U=0V$	本节	-5442	911	916	141	615	-2859
	Spenvis	-5450	913	919	142	605	-2871
$U=-10kV$	本节	-3708	486	622	455	1627	-518
	Spenvis	-3710	484	616	458	1580	-572

6.3.4 外露介质充电计算结果的对比验证

第 4 章对内带电仿真做了实验验证。对于外露介质充电,目前难以实现等离子体与高能电子同时存在的充电环境,因此通过与表面和深层充电进行对比来说明外露介质充电建模与仿真计算的正确性,与此同时体现出新模型的必要性与仿真优势。

按照前述一维稳态求解方法,相关参数取值 $c_r=0.005$ 代表 $|S_3|=200|S_2|$。首先利用电荷守恒定律对计算结果进行验证。由式(6-13)中第一式积分和左边界条件得

$$j_1(U(0))+j_e(x)=\sigma(x)E(x),\quad j_e(x)=\int_0^x Q_j(x)\,dx \qquad (6-18)$$

定义计算误差为

$$\text{err}(\Delta x) = \frac{|j_1(U(0)) + j_e - \sigma E|}{|\sigma E|} \tag{6-19}$$

式中:算符|·|为向量的 2 范数。利用式(6-19)检验计算结果,如图 6-5 和图 6-6所示。图 6-5 曲线的一致性表明计算结果是正确的。图 6-6 表明,计算结果的精度会随着空间步长的缩小而变好,当 $\Delta x < 3 \times 10^{-4}$ mm 时,相对误差 <0.001。剖分网格越密,求解过程中涉及的数值积分越精确。

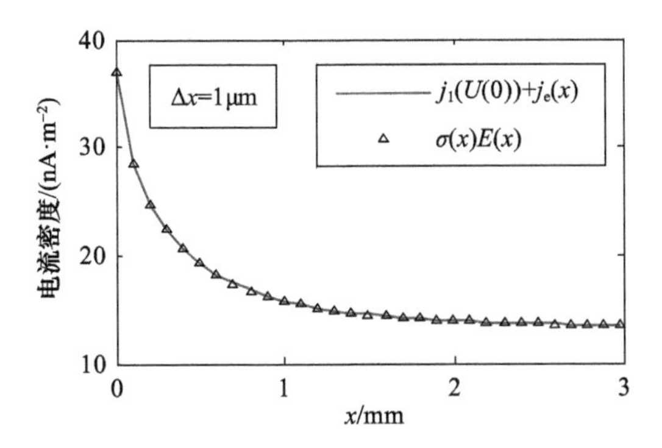

图 6-5　利用电荷守恒定律验证计算结果

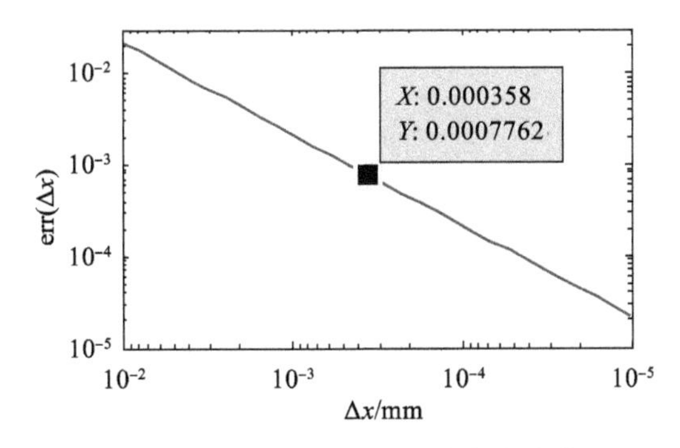

图 6-6　计算精度随空间步长的变化

将所提出模型 SICCE 的计算结果分别与表面充电和介质深层充电的结果进行对比分析。如表 6-4 所列,SICCE 和 SC 分别代表外露介质充电模型和表面充电情况,IC_{gnd} 是将外露介质边界设置为接地时的深层充电情况,而 IC_{fb}(fixed boundary)是根据表面充电结果预先设定深层充电边界电位进行的仿真。对比 4 类仿真结果如图 6-7 所示。根据式(6-17),分别计算聚酰亚胺和铝在恶劣表面充电环境下的平均二次电子发射系数都小于 1(分别等于 0.34 和 0.40),所以二者表面电位是负电位,分别是 -12.1kV 和 -14.8kV;在两侧端点处,SICCE 和表面充电的计算结果十分接近。分析原因:一是内部沉积电荷对表面电位只产生微弱影响。内部充电电流 j_e 比较小，本例中为 $10^{-8}\mathrm{A\cdot m^{-2}}$ 量级，而表面电位几百伏特的波动会引起表面电流密度 j_1 或 j_2 相同量级的变化（$U_0=-12023\mathrm{V}$ 和 $-12106\mathrm{V}$ 分别对应于 $j_1=3.6\times10^{-9}\mathrm{A\cdot m^{-2}}$ 和 $j_1=2.5\times10^{-8}\mathrm{A\cdot m^{-2}}$）；二是介质电导率在 $10^{-15}\mathrm{S/m}$ 量级，导致 3mm 厚度的介质板中产生的传导电流密度很低，从而前后表面电位互不影响。与 IC_{gnd} 结果对比，最大电位相差悬殊，对于外露介质充电评估，直接设定接地边界条件是不恰当的；与 IC_{fb} 结果对比，二者结果是十分接近的，也就是说在该算例所考虑的充电环境下，可以根据表面充电结果预先设定外露介质充电的边界条件，但是 IC_{fb} 实际上没有考虑表面充电与内部沉积电荷的相互作用，这也是与 SICCE 的计算结果出现偏差的原因，因此对于其他充电环境，不能保证 IC_{fb} 依然得到可靠的充电结果。

表 6-4　4 类仿真情况对比

标志	描述	高能电子辐射	等离子体作用	边界条件
SICCE	新模型	有	有	自适应
SC	表面充电	无	有	自适应
IC_{gnd}	深层充电（接地边界）	有	无	接地
IC_{fb}	深层充电（预设边界）	有	有	参照 SC 预设

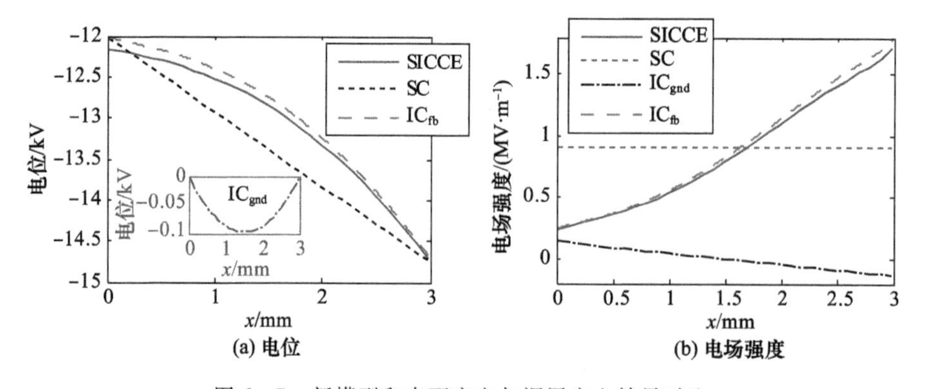

图 6-7　新模型和表面充电与深层充电结果对比

对比电场强度，如图 6-7(b) 所示，SICCE 得到的内部电位和电场强度分布与另外两种计算模型存在显著不同。SICCE 得到的场强峰值比深层充电 IC_{gnd} 高一个数量级，达到 MV/m 量级，比表面充电 SC 的结果高 1 倍。分析其原因：介质两端将近 3kV 的电位差导致其场强峰值远远高于两端接地的深层充电结果；而 SICCE 与表面充电模型不同之处在于进一步考虑了介质内部电荷沉积 Q_j 和辐射诱导电导率。如果令 $Q_j=0$，则对比计算结果如图 6-8 所示，可见 Q_j 造成的影响不大，因此辐射诱导电导率是造成场强非均匀分布的主要原因。

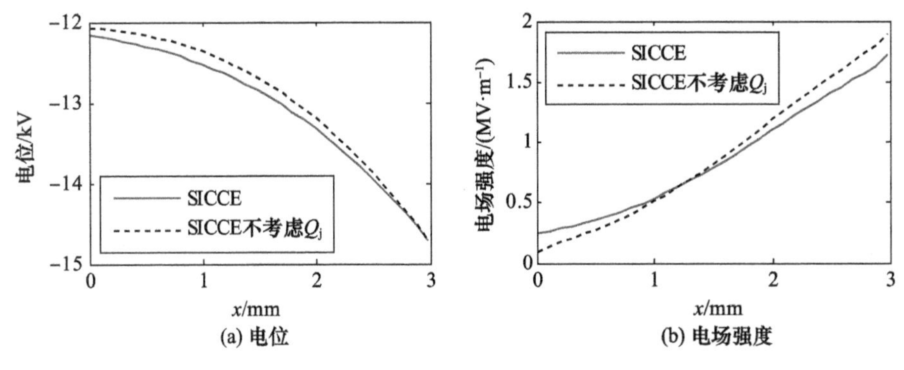

图 6-8　电荷沉积率 Q_j 对充电结果的影响

综上所述,新模型 SICCE 相对于表面充电具有准确刻画电场强度的优势,相对于深层充电可以兼顾表面电位对充电结果的影响,从而更全面地评估外露介质充电过程。此处电场畸变归因于内部电荷沉积和电导率的非均匀分布,对于二维或三维充电模型,复杂的边界条件会显著增大电场畸变程度。

为理清外露介质充电过程,给出充电平衡状态下的介质内部传导电流密度 $\sigma(x)E(x)$ 的分布结果,如图 6-9 所示。根据式(6-18)所代表的电流连续性方程,有 $\sigma(x)E(x)=j_1(U(0))+j_e(x)$,其中表面入射电流密度 $j_1(U(0))>0$,介质内部电荷沉积电流 $j_e(x)<0$,所以出现图中随深度下降的变化趋势。根据边界条件(式(6-13)的第 2、3 式),左边界(介质正面)有 $\sigma(0)E(0)=j_1(U(0))$,右边界(介质背面)电流密度 $j_{end}=-j_2(U(d))/c_r$。依据 j_{end}是否大于 0,将充电结果分成两种情况:①第一种情况 $j_{end}\geqslant 0$,如图 6-9 实线所示,表明表面入射电流 j_1 被内部沉积电荷抵消一部分,得到的电场强度大于 0,上述算例归属这种情况,回顾图 6-8(b)不考虑 Q_j 得到场强峰值增大的结果,其原因正是没有 Q_j 抵消表面入射电流导致 j_{end}增大,从而在背面电导率不变情况下使得电场强度增大;②第二种情况$j_{end}<0$,代表内部电荷沉积率 Q_j 的贡献完全超越表面入射电流 j_1,从而电场强度方向发生改变,对应于图 6-9 中虚线。

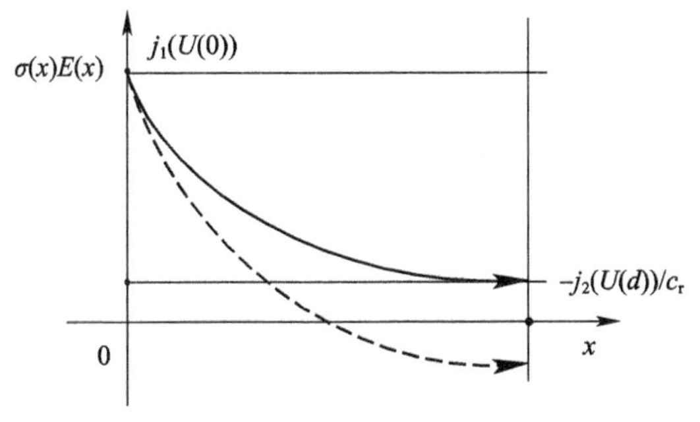

图 6-9　介质中随深度的电流密度变化关系

外露介质内部沉积电荷是通过介质表面或者背面泄放的，新模型可以很好地刻画该过程。图6－9中，实线对应内部电荷通过介质正面泄放，而虚线代表两侧共同泄放的情况。电场强度的变化趋势是由总电流密度和电导率共同决定的。介质中温度分布的存在会进一步影响电导率分布，相应的场强峰值也会随之改变。

6.4 SICCE 的瞬态求解

为了考察外露介质充电随时间的变化过程，给出 SICCE 的瞬态解 $U(x,t)$。从一维情况入手，得到对应的时域充电控制方程为

$$\varepsilon \frac{\partial}{\partial t}\frac{\partial^2 U}{\partial x^2} + \sigma(x)\frac{\partial^2 U}{\partial x^2} + \sigma'(x)\frac{\partial U}{\partial x} = -Q_{\mathrm{j}}(x) \tag{6-20}$$

初始条件 $U(x,0)=0$，边界条件为

$$\begin{cases} \varepsilon \dfrac{\partial}{\partial t}\dfrac{\partial U}{\partial x}\bigg|_{x=0} + \sigma(x)\dfrac{\partial U}{\partial x}\bigg|_{x=0} = -j_1(U(0)) \\ c_{\mathrm{r}}\varepsilon \dfrac{\partial}{\partial t}\dfrac{\partial U}{\partial x}\bigg|_{x=d} + c_{\mathrm{r}}\sigma(d)\dfrac{\partial U}{\partial x}\bigg|_{x=d} = -C_0\dfrac{\partial U(d)}{\partial t} + j_2(U(d)) \end{cases} \tag{6-21}$$

式(6－20)、式(6－21)中：ε、c_{r}、C_0为已知常数；$\sigma(x)$、$\sigma'(x)$和 $Q_{\mathrm{j}}(x)$为已知非解析表达式；$j_1(x)$、$j_2(x)$为已知非解析函数。这是二阶非线性偏微分方程，边界条件由于$j_1(x)$、$j_2(x)$的存在而变得复杂，难以得到解析解，于是采用有限差分算法进行求解。

6.4.1 有限差分算法

采用第3章给出的有限差分格式（式(3－27)、式(3－28)和式(3－29)），代入控制方程式(6－20)和边界条件式(6－21)并适当化简，可得

$$U_{i+1}^{j+1} + U_{i-1}^{j+1} - 2U_i^{j+1} = b_i^j, \quad i=1,2,\cdots,n-1 \tag{6-22}$$

$$b_i^j = -\frac{\Delta x^2 \Delta t}{\varepsilon}Q_{\mathrm{j}}(i\Delta x) + \left(1 - \frac{\sigma_i \Delta t}{\varepsilon}\right)(U_{i+1}^j + U_{i-1}^j - 2U_i^j) - \frac{\Delta x \Delta t \sigma'_i}{\varepsilon}(U_{i+1}^j - U_i^j) \tag{6-23}$$

边界条件为

$$(U_1^{j+1} - U_0^{j+1}) = b_0^j = -\frac{\Delta x \Delta t}{\varepsilon}j_1(U_0) + \left(1 - \frac{\Delta t \sigma_0}{\varepsilon}\right)(U_1^j - U_0^j) \tag{6-24}$$

$$\left(1 + \frac{C_0 \Delta x}{c_{\mathrm{r}}\varepsilon}\right)U_n^{j+1} - U_{n-1}^{j+1} = b_n^j = \frac{\Delta x \Delta t}{c_{\mathrm{r}}\varepsilon}j_2(U_n) + \frac{\Delta x C_0}{c_{\mathrm{r}}\varepsilon}U_n^j + \left(1 - \frac{\Delta t \sigma_n}{\varepsilon}\right)(U_n^j - U_{n-1}^j) \tag{6-25}$$

写成矩阵形式为

$$\boldsymbol{A}\boldsymbol{U}^{j+1}=f(\boldsymbol{U}^{j})=\boldsymbol{b}^{j} \tag{6-26}$$

式中

$$\boldsymbol{A}=\begin{bmatrix} -1 & 1\cdots\cdots\cdots\cdots\cdots & & & \\ 1 & -2 & 1\cdots\cdots\cdots & & \\ 0 & 1 & -2 & 1\cdots\cdots & \\ \vdots & & \ddots & & \vdots \\ 0 & 0\cdots & & -1 & A_{n,n} \end{bmatrix},\quad f(U^{j})=\begin{bmatrix} b_0^j \\ \vdots \\ b_i^j \\ \vdots \\ b_n^j \end{bmatrix} \tag{6-27}$$

式中：$A_{n,n}=1+\dfrac{C_0\Delta x}{c_{\mathrm{r}}\varepsilon}$；$i=0,1,2,\cdots,n$；$j=0,1,2,\cdots,m$。系数矩阵 $\boldsymbol{A}$ 是三对角矩阵，与 U_i^j 无关，因此每次迭代只需要根据 U_i^j 更新右端向量 $\boldsymbol{b}^j$，然后求解线性方程组得到 U_i^{j+1}，利用 Matlab 中的函数“\”得到 $\boldsymbol{U}^{j+1}=\boldsymbol{A}\backslash\boldsymbol{b}^j$。

通常从算法的相容性、收敛性和稳定性三个方面分析差分方程的可靠性。相容性是指空间与时间步长趋近于0时差分方程逼近于偏微分方程。可采用泰勒展开法进行证明。对于边界条件式（6-24），U_2^{j+1} 和 U_1^{j+1} 分别在 t_j 邻域内展开，U_2^j 在 x_1 邻域展开，可得

$$\begin{cases} U_2^{j+1}=U_2^j+\left(\dfrac{\partial U}{\partial t}\right)_2^j\Delta t+\dfrac{1}{2}\left(\dfrac{\partial^2 U}{\partial t^2}\right)_2^j\Delta t^2+\cdots \\ U_1^{j+1}=U_1^j+\left(\dfrac{\partial U}{\partial t}\right)_1^j\Delta t+\dfrac{1}{2}\left(\dfrac{\partial^2 U}{\partial t^2}\right)_1^j\Delta t^2+\cdots \\ U_2^j=U_1^j+\left(\dfrac{\partial U}{\partial x}\right)_1^j\Delta x+\dfrac{1}{2}\left(\dfrac{\partial^2 U}{\partial x^2}\right)_1^j\Delta x^2+\cdots \end{cases} \tag{6-28}$$

将式（6-28）带入式（6-24），化简得

$$\varepsilon\left(\frac{\partial}{\partial t}\frac{\partial U}{\partial x}\right)_1^j+\sigma_1\left(\frac{\partial U}{\partial x}\right)_1^j=-j_1(U_1)-\left[\frac{1}{2}\frac{\partial U}{\partial x}\Delta x+\cdots+\frac{\varepsilon}{2}\frac{\partial}{\partial t}\frac{\partial U}{\partial x}\Delta t+\cdots\right]_1^j \tag{6-29}$$

当 $\Delta x,\Delta t\to 0$ 时，差分方程式（6-24）逼近于边界条件式（6-21）。同理，将 U_{i+1}^{j+1}、U_{i-1}^{j+1}、U_i^{j+1} 和 U_{i+1}^j、U_{i-1}^j 分别关于 t 和 x 展开，可得方程式（6-22）和式（6-25）与对应的偏微分方程是相容的。此外，从式（6-29）的截断项来看，差分方程精度为 $O(\Delta t,\Delta x)$。收敛性要求步长足够小时，要求差分方程数值解逼近于偏微分方程精确解。严格证明收敛性超出了本项目的研究范围，这里重点考虑算法的稳定性，通过考察计算结果来验证差分解法的正确性。稳定性要求差分方程随着计算时间推

进，某一时刻某一点产生的计算误差能够得到有效抑制。令 $\epsilon_i^j = u - u_i^j$ 代表数值解 u_i^j 对应的计算误差，其中 u 为真解，u_i^j 和 u 都满足差分方程式(6－22)和差分格式的边界条件，分别带入相减，合并同类项，可得

$$\epsilon_{i+1}^{j+1} + \epsilon_{i-1}^{j+1} - 2\epsilon_i^{j+1} = \left(1 - \frac{\Delta t(\sigma_i + \Delta x\sigma_i')}{\varepsilon}\right)\epsilon_{i+1}^j + \left(1 - \frac{\Delta t\sigma_i}{\varepsilon}\right)\epsilon_{i-1}^j - \left(2 - \frac{\Delta t(2\sigma_i + \Delta x\sigma_i')}{\varepsilon}\right)\epsilon_i^j \tag{6-30}$$

边界条件为

$$\begin{cases} (\epsilon_2^{j+1} - \epsilon_1^{j+1}) = \left(\dfrac{\Delta t\sigma_1}{\varepsilon} - 1 - \dfrac{\Delta x\Delta t}{\varepsilon}\nabla j_1(U_0)\right)\epsilon_1^j + \left(1 - \dfrac{\Delta t\sigma_1}{\varepsilon}\right)\epsilon_2^j \\ \left(1 + \dfrac{C_0\Delta x}{c_r\varepsilon}\right)\epsilon_n^{j+1} - \epsilon_{n-1}^{j+1} = \left(1 - \dfrac{\Delta t\sigma_n}{\varepsilon} + \dfrac{\Delta x\Delta t}{c_r\varepsilon}\nabla j_2(U_n) + \dfrac{\Delta xC_0}{c_r\varepsilon}\right)\epsilon_n^j - \left(1 - \dfrac{\Delta t\sigma_n}{\varepsilon}\right)\epsilon_{n-1}^j \end{cases} \tag{6-31}$$

式中：边界条件涉及的函数 j_1、j_2 没有关于未知变量的线性显式表达式。因此，式(6－31)的推导过程利用一阶线性近似，即

$$\begin{cases} j_1(u) - j_1(u_0^j) = (u - u_0^j)\nabla j_1(u_0^j) = \epsilon_0^j\nabla j_1(u_0^j) \\ j_2(u) - j_2(u_n^j) = (u - u_n^j)\nabla j_2(u_n^j) = \epsilon_n^j\nabla j_2(u_n^j) \end{cases} \tag{6-32}$$

整理以上表达式，记 $\boldsymbol{\epsilon}^j = [\epsilon_0^j \ \epsilon_1^j \ \epsilon_2^j \cdots \epsilon_i^j \cdots \epsilon_n^j]$，可得

$$\boldsymbol{A\epsilon}^{j+1} = \boldsymbol{B\epsilon}^j \tag{6-33}$$

如果有

$$\| \boldsymbol{A}^{-1}\boldsymbol{B} \|_F \leqslant 1 \tag{6-34}$$

则不难验证

$$\| \boldsymbol{\epsilon}^{j+1} \| \leqslant \| \boldsymbol{\epsilon}^j \| \tag{6-35}$$

从而保证

$$\| \boldsymbol{\epsilon}^{j+1} \| \leqslant \| \boldsymbol{\epsilon}^1 \| \tag{6-36}$$

其中向量范数为 2 范数，矩阵范数为 Frobenius 范数 $\| \cdot \|_F$，它与向量的 2 范数是相容的。以上是保证稳定性的充分非必要条件，当该条件不能满足时，计算各个时间步对应的矩阵乘积，即

$$\boldsymbol{M}^j = [\boldsymbol{A}^{-1}\boldsymbol{B}]^j\,[\boldsymbol{A}^{-1}\boldsymbol{B}]^{j-1}\cdots[\boldsymbol{A}^{-1}\boldsymbol{B}]^2\,[\boldsymbol{A}^{-1}\boldsymbol{B}]^1 \tag{6-37}$$

如果 $\| \boldsymbol{M}^j \| \leqslant c$ 且 c 是一个与计算步数无关的常数，那么差分格式也是稳定的。时间步长是影响算法稳定性的重要参数，针对此处差分方程的特殊性，做出以下分析。

6.4.2 时间步长控制与算法优化

1. 时间步长与算法稳定性

已知方程式(6-26)中的系数矩阵 $\boldsymbol{A}$ 不随计算步变化,那么时间步长 Δt 主要影响右端变量 $\boldsymbol{b}^j$。从表达式(6-23)~式(6-25)得知,当 Δt 较大时,只有函数 j_1,j_2 的关联项和 $U_n^j \Delta x C_0 / c_r \varepsilon$ 对差分方程的迭代计算造成显著影响,其余各项不是固定的取值就是临近电位的相对变化量,而且其对应的系数值较小,例如当 $\Delta t = 1$,$\Delta x = 6 \times 10^{-5}$ 时,有 $-\Delta x \Delta t / \varepsilon = 1.42 \times 10^8$,$1 - \Delta t \sigma_1 / \varepsilon = 1$。因此需要根据 j_1,j_2 的变化量来控制 Δt。图6-10所示为充电到负电位情况下的 j_1,j_2 随充电电位的变化情况,对应的变化率并不大,但是对于充电到正电位的情况,就会出现电流密度关于电位的剧烈变化。

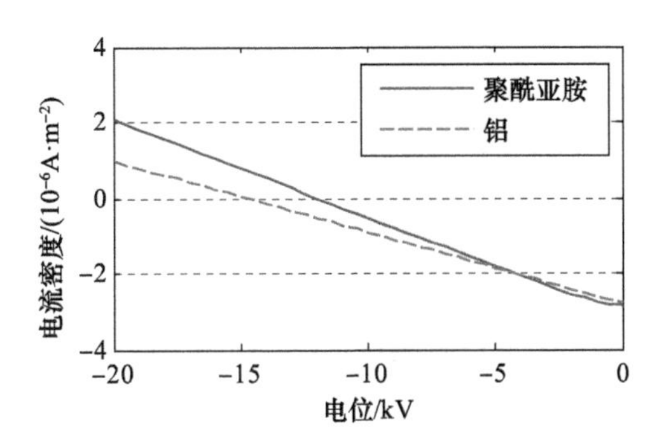

图6-10 两种材料表面充电电流随电位变化曲线

经过数值实验发现,控制时间步长使得前后两次迭代对应的电流密度 j_1,j_2 相对变化量小于10%是可行的。利用式(6-26),从 $\boldsymbol{U}^j$ 得到 $\boldsymbol{U}^{j+1}$,若存在

$$\mathrm{var}(j_1) = |j_1(U_0^{j+1}) - j_1(U_0^j)| / |j_1(U_0^j)| \geqslant 0.1 \tag{6-38}$$

或者

$$\mathrm{var}(j_2) = |j_2(U_n^{j+1}) - j_2(U_n^j)| / |j_2(U_n^j)| \geqslant 0.1 \tag{6-39}$$

则认为时间步长过大。另外强制缩小初始阶段的时间步长来刻画此时迅速变化的电位。至此,得到了时域求解的基本方案,如图6-11所示,图中的 $\mathrm{var}(j_1, j_2) \geqslant 0.1$ 代表条件式(6-38)和式(6-39)。计算当前时间步充电电位 $\boldsymbol{U} = \boldsymbol{C}/\boldsymbol{b}(\boldsymbol{U}')$ 的过程涉及电场强度与电导率的耦合计算,因此采用稳态求解时给出的迭代算法进行求解,即图6-11中的子流程图。

2. 边界收敛准则与算法优化

单纯地按照图6-11所示的方案进行计算,Δt 受到边界电流密度变化量的限制,使得 $\Delta t < 0.001\mathrm{s}$。若是总充电时间在 $10^4\mathrm{s}$ 量级,那么计算量太大。根据预先

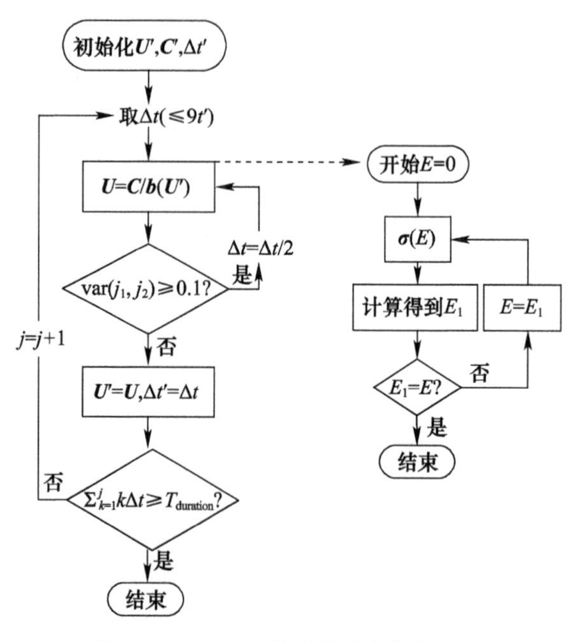

图 6-11　SICCE 模型的瞬态算法流程

仿真结果,提出了边界电位是否已经稳定的判断准则,如图 6-12 所示。若边界电位稳定,就直接采用稳态计算结果,然后增大 Δt 继续计算直到充电平衡。其中充

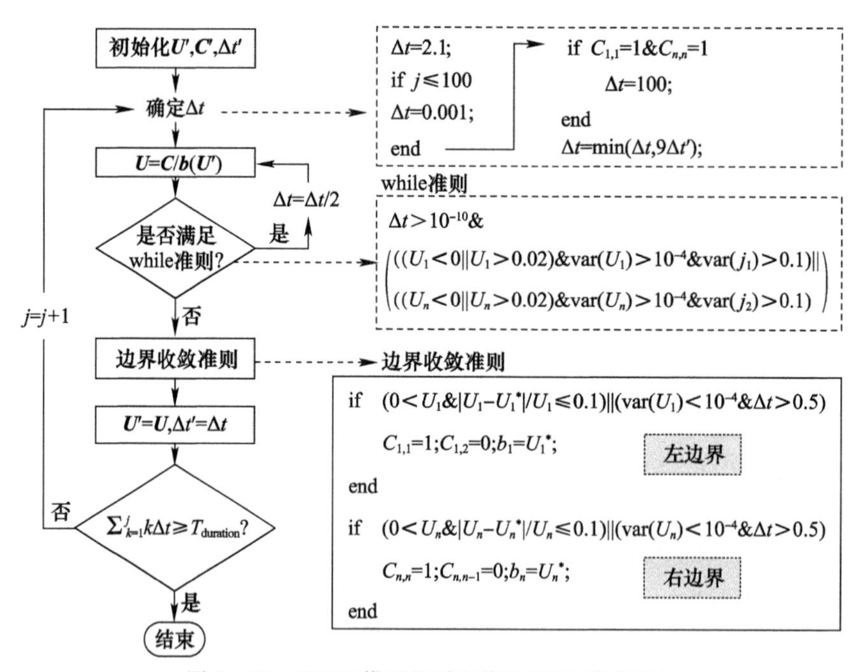

图 6-12　SICCE 模型的瞬态算法流程(优化后)

电到正电位属于特例，一旦到正电位，表面电位就会在 0.1V 上下波动，此时对应的充电电流密度变化剧烈，会严重限制计算步长，需要通过与稳态充电电位比较，及时确认是否达到收敛准则。当两个端点电位均固定下来后，时间步长逐渐增大到 $\Delta t = 100$s。优化后的算法流程见图 6－12，其中每个时间步中的电位计算流程与图 6－11 一致。

6.4.3 瞬态求解算法的验证

对以上稳态求解的算例，进行瞬态求解。额外考虑参数 $\varepsilon_r = 4.8\varepsilon$ 和 $C_0 = 10$pF。仿真发现当空间步长 $\Delta x \leqslant 3\times10^{-5}$m 时，计算结果对 Δx 不敏感，本节采用 $\Delta x = 3\times10^{-6}$m，电位与电场强度初始值均为 0。对式(6－20)两边关于变量 x 积分，利用式(6－21)中的左边界条件，类比式(6－18)可得

$$\varepsilon \frac{\partial E(x)}{\partial t} + \sigma(x)E(x) = j_1(U(0)) + \int_0^x Q_j(x)\,\mathrm{d}x, x \in [0,d] \quad (6-40)$$

用它来验证每一步的计算精度。记

$$\mathrm{err}_t = \frac{\left| j_1(U(0)) + j_e - \varepsilon \frac{\partial E}{\partial t} - \sigma E \right|}{\left| \varepsilon \frac{\partial E}{\partial t} + \sigma E \right|} \quad (6-41)$$

计算总步数为 1920 步，对应充电总时间 3.5h，耗时小于 3min。时间步长 Δt 和 while 子循环中的迭代次数如图 6－13 和图 6－14 所示。Δt 可自行动态调整，在边界收敛前，$\Delta t < 2.1$s，且迭代次数较大；边界收敛后，Δt 逐步增大到 100s，且迭代次数不超过 1 次。这体现出边界收敛准则的优势，否则在 $\Delta t = 0.1$s 量级（甚至更小）推进下，要达到 10^4s 量级的总充电时间，其计算量是难以承受的。这也是开发此算法而不直接用通用软件（比如 Comsol Multiphysics）进行计算的原因所在。

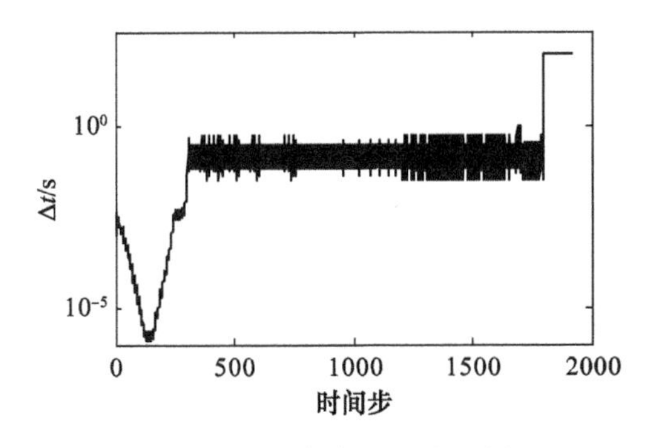

图 6－13　瞬态求解的时间步长

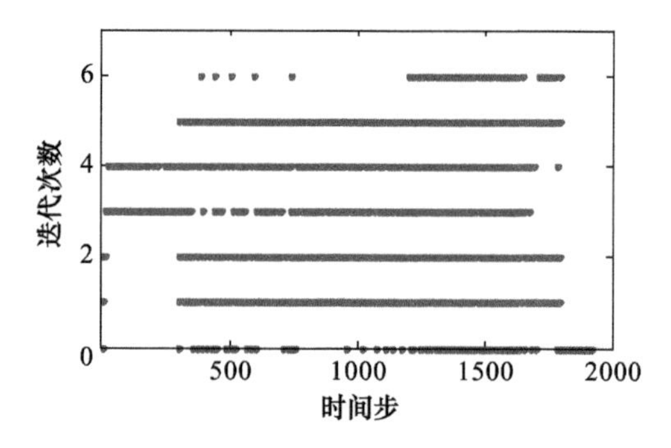

图 6－14　瞬态求解每个时间步对应的迭代次数

大多数时间步的相对误差小于0.1，如图 6－15 所示，实际上前 1795 步对应的充电时间仅为 234s，所以绝大部分的充电时间内相对误差小于 0.03。整个计算过程中出现的误差传递矩阵范数 $\| \boldsymbol{M}_j \| < 40$，当初始值误差趋近于 0 时，稳态计算结果的误差趋近于 0。沿厚度方向的充电电位分布随时间演化如图 6－16 所示，回顾图 6－7 所示的稳态解，随着时间推进，当充电时间达到 3.5h 时，瞬态解收敛到稳态解。至此，完成了对瞬态求解的正确性分析。虽然这仅是一个算例，但是瞬态求解算法是通用的，其中对时间步长的控制和边界收敛准则涵盖了所有可能的充电结果。

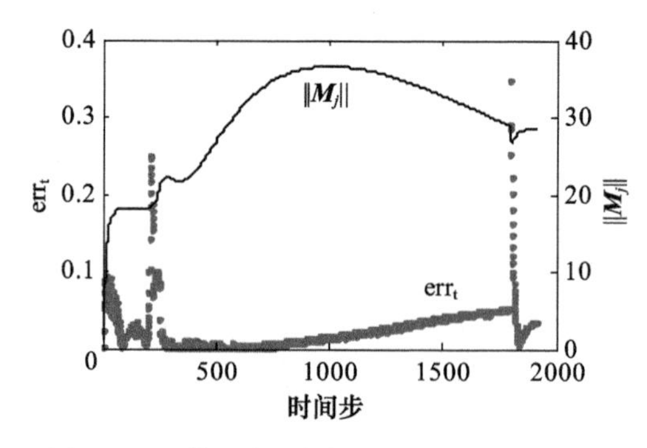

图 6－15　第 j 时间步相对误差 err_t 和 $\| \boldsymbol{M}_j \|$

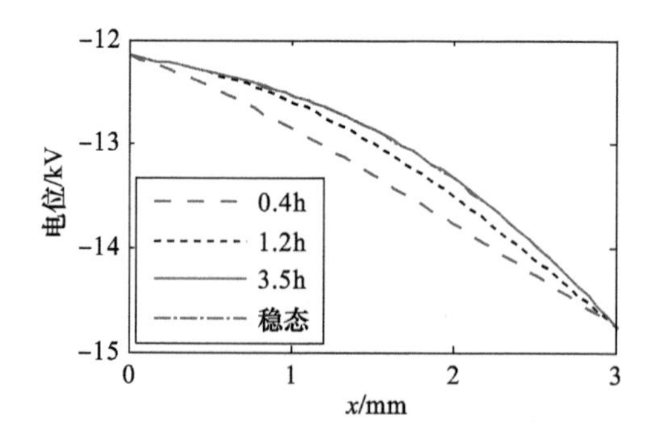

图 6－16　沿厚度方向的充电电位分布随时间演化过程

6.4.4 瞬态充电特征与分析

电位和电场强度初始值均为0,经过大约3.5h充电时间,达到稳态。左右边界电位与电场强度随时间演化结果如图6-17所示。可将充电过程分为三个阶段。不同时刻对应的电位和电场强度分布如图6-18所示。

第1阶段为[0,1]秒区间,是航天器结构体完成表面充电的过程。结构电位在充电0.4s后便达到将近-14.5kV的电位,该充电时间与典型的表面充电时间吻合,充电时间与航天器结构体单位面积电容C_0成正比。

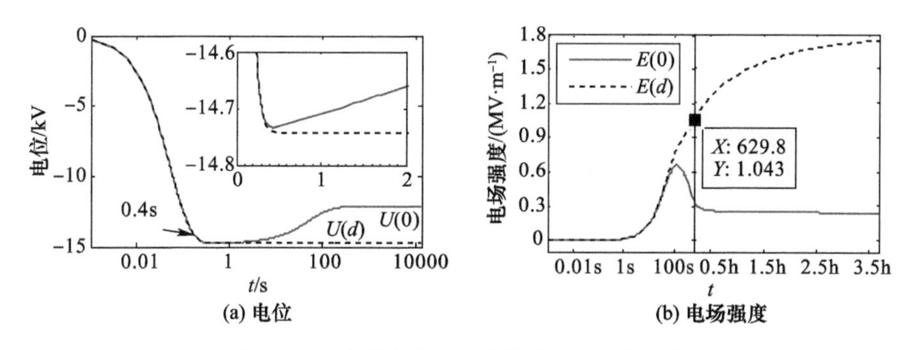

图6-17 边界电位和电场强度随时间的变化

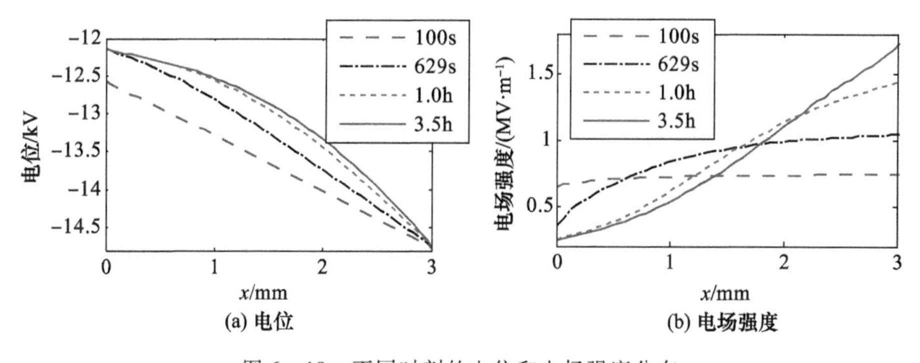

图6-18 不同时刻的电位和电场强度分布

第2阶段为[1,230]s区间,即第1阶段往后至边界收敛条件满足。该阶段主要是对介质板本身电容的充电,持续时间与ε成正比,与介质厚度d成反比。一个明显的特征为表面电位$U(0)$出现过充与自回馈。在较低电导率(10^{-14}S/m量级)情况下,传导电流密度j_{12}几乎为0,又因为参考电位是航天器结构体零电位,所以$U(0)$在开始阶段与$U(d)$同步,但最终$U(0)$由表面入射电流$j_1(U(0))=0$决定。在表面平衡电位幅值小于航天器结构电位情况下,便出现表面电位过充与自回馈现象。该现象与深层充电无关,受到介质电导率和介质厚度的双重影响。

第 3 阶段代表达到边界收敛后，介质边界电位保持不变，主要由介质内部电荷沉积作用来完成最终的充电稳定状态。虽然边界电位保持不变，但是介质中电场强度幅值还在继续增长，直到满足充电平衡条件，如图 6－17 所示。该阶段持续时间与典型的介质深层充电时间一致，主要受介质总电导率的影响，即充电平衡时间常数等于 ε/σ，电导率越低，持续时间越长。本例中，介质背面电导率最低，约为 6×10^{-15}S/m，对应的时间常数约为 2h，因此达到稳态对应 3.5h 的充电时间是合理的。

6.5 影响外露介质充电结果的参量分析

6.5.1 航天器结构电容和相对面积比例

显而易见，单位表面积结构电容 C_0 只作用于充电时间，对平衡电位没有影响。$c_r=|S_2|/|S_3|<1$ 在合理的取值范围内对平衡电位影响不大，因为由边界条件（式(6－16)）可知，此时 $\sigma(d)$ 为 10^{-15} 量级，$F(d)$ 代表场强为 10^6 量级，$j_2(U(d))$ 不超过 $\text{nA}\cdot\text{m}^{-2}$ 量级，所以电位趋近于 $j_2=0$ 对应的表面充电平衡电位，与 c_r 关系不大，而且 c_r 取值越小，越接近于表面充电结果。当介质电导率增大到 10^{-13}S/m 时，c_r 将对充电结果产生显著影响。

对于瞬态充电，将 C_0 取值从 10pF 增大到 200pF，保持 $c_r=0.005$ 不变，得到的时域充电结果如图 6－19 所示，可见充电时间随之显著增大。c_r 增大到 0.3，保持 $C_0=10$pF 不变，得到的结果如图 6－20 所示。由于电容不变，对应的充电时间常数与图 6－17 是一致的。增大 c_r 导致表面电位 $U(d)$ 过充现象有所减缓，因为增大了航天器结构体与介质的相互作用，如图 6－21 所示，增大 c_r 使得从介质流向结构体的电流密度显著增大。这使得从结构体过来的电流更多地参与了介质板充电过程，从而减缓了 $U(d)$ 过充现象。

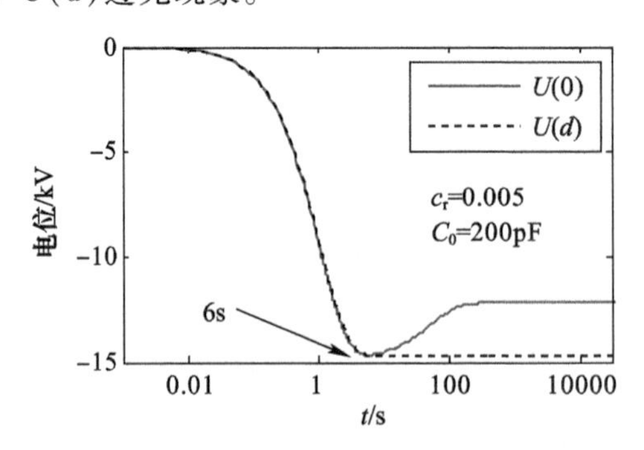

图 6－19 $C_0=200$pF 得到的充电结果

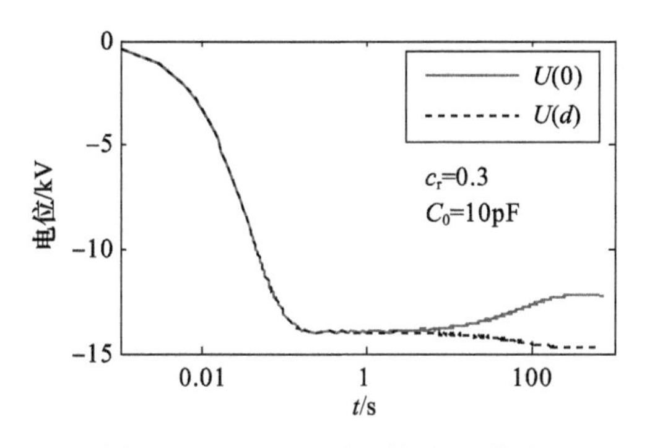

图 6-20　$c_r=0.3$ 得到的充电结果

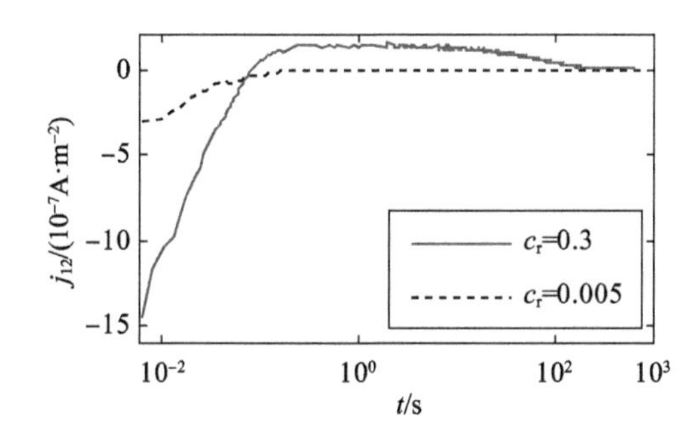

图 6-21　不同 c_r 对应的介质到航天器本体的充电电流密度

6.5.2　等离子体和高能电子通量

以上仿真同时采用了表面充电和深层充电的最恶劣环境参数，即表面充电的 ECSS 恶劣等离子体环境和深层充电的 Flumic3 高能电子能谱。这里分别降低 ECSS等离子体温度参数和 Flumic3 模型中的 flux(2)，得到如下结果。

降低 ECSS 等离子体浓度和温度为原始值的 10%，保持 Flumic3 参数不变，得到结果如图 6-22 和图 6-23 所示。该结果代表了介质表面充电到正电位的情况。类似的，其充电过程也分为三个阶段。由于等离子体浓度降低，导致充电电流密度下降，从而充电时间随之增大；等离子体温度大幅度降低，根据起电阈值理论可知，表面充电电位随之下降达到正电位水平（约 0.2V），造成前后表面电位差大幅度降低，电场强度峰值也随之降低至 10^5 V/m 量级。

等离子体环境不变，将 Flumic3 的 flux(2) 从 $10^9 m^{-2} \cdot s^{-1} \cdot sr^{-1}$降至$10^7 m^{-2} \cdot s^{-1} \cdot sr^{-1}$。按照 Flumic3 能谱公式，可沿用电荷输运结果（式(3-12)的 Q_e, D_e），只将 f_e 从 $2.76 \times 10^{11} m^{-2} \cdot s^{-1}$降到 $1.66 \times 10^{11} m^{-2} \cdot s^{-1}$。可见 f_e 的变化并不大，因为它代表能量大于 0.03MeV 的电子通量。降低高能电子通量后的结果对比如图 6-24 所示，降低 f_e 使得平衡电位朝着单纯表面充电的平衡电位靠近，对应的

变化微弱，因为 Q_j、σ_{ric} 稍有降低但仍在同一量级。

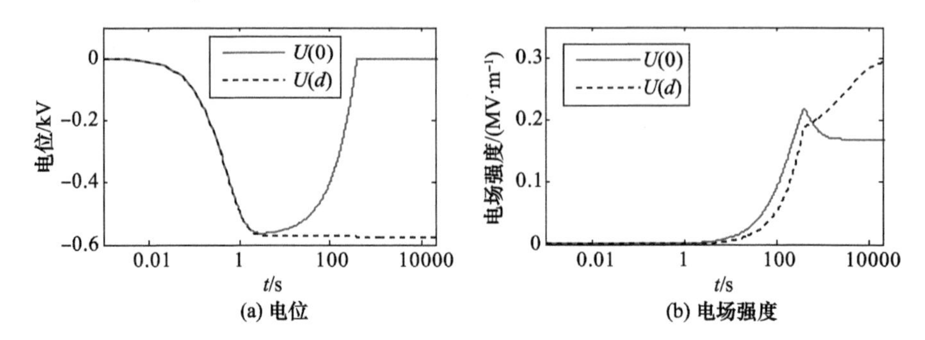

图 6－22　边界电位和电场强度随时间的变化(降低 ECSS 等离子体参数)

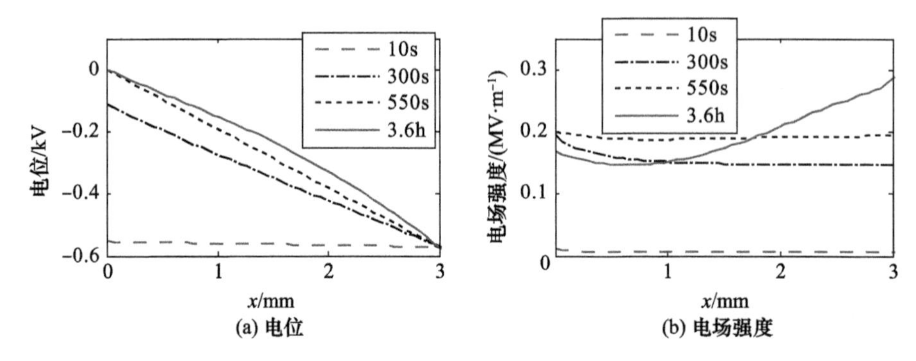

图 6－23　不同时刻的电位和电场强度分布(降低 ECSS 等离子体参数)

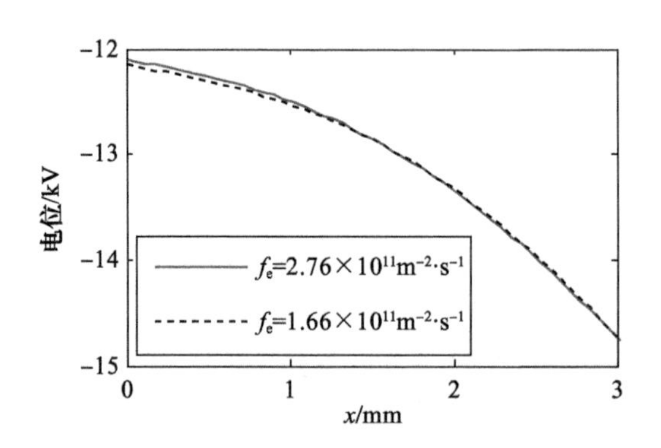

图 6－24　降低高能电子通量后的结果对比

6.5.3　起始电位非零情况

实际中，在航天器充电到极端情况之前，也是存在一定电位的。令初始电位是降低等离子体参数后的充电电位(见图 6－23(a)中 3.6h 对应的电位曲线)，得到的瞬态充电结果如图 6－25(a)所示。非零初值电位远小于平衡电位,所以得到类似的瞬态充电过程。随着充电过程的推进,达到的表面平衡电位是一致的。即使取初值等于 －20kV,仍得到固定不变的平衡电位,如图 6－25(b)所示。因此,初始电位只对充电过程造成一定影响,并不改变最终的平衡电位,这也验证了瞬态解法的正确性。

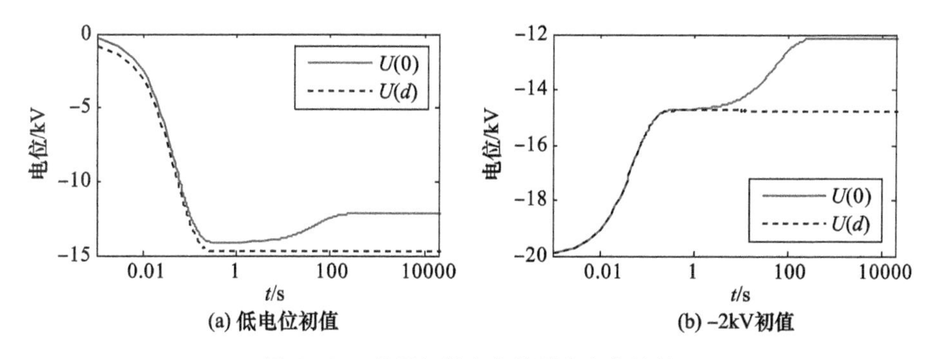

图 6－25　非零初始电位的瞬态充电结果

值得注意的是,在本例中航天器表面和介质表面电位都只有唯一的平衡电位,所以瞬态充电最终收敛到该电位。然而在其他充电环境下,例如 GEO 正常环境下,聚酰亚胺对应的表面充电控制方程 $j_1=0$ 存在三个根,如图 6－26 所示,中间的过零点,也就是说斜率为正的根为非稳定电位。在这种情况下,采用 SICCE 瞬态求解算法可以避免非稳定电位。

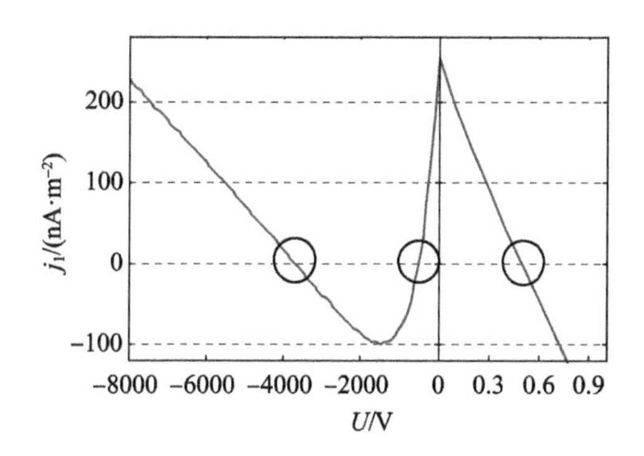

图 6－26　表面充电的稳定与非稳定平衡电位

6.5.4　介质厚度与电导率

厚度 d 决定介质单位面积电容,电导率决定传导电流密度(如从介质背面到航天器结构体的电流)。二者都是影响充电特征的关键参数。因为电导率分布随厚度增加而下降,所以厚度变化兼顾电导率的改变。

当 $d=3\text{mm}$，$\varepsilon_r=4.8$ 时，根据公式 ε/d，得到介质单位面积电容为 14.2nF。该值远大于航天器结构单位面积电容 $C_0=10\text{pF}$，因此减小 d 会得到类似的瞬态充电特征，要使得介质单位面积电容与 C_0 在一个数量级，需要 d 达到 3m，这显然不符合实际。

降低 d 导致的最恶劣结果是电场强度的增大。分别降低 d 为 1.5mm、0.5mm、0.25mm 和 0.1mm，对应的 Q_j、σ_{RIC} 为图 6-3 中深度从 0 到 d 的取值，其他参数保持不变，得到的平衡电位与电场强度如图 6-27 所示。随着 d 的降低，介质两端电位差明显缩小，但背面电位保持不变。根本原因是 d 越小，σ_{RIC} 的取值越大，从而贡献了更多的传导电流，使得介质两端电位差缩小，但是由于 c_r 取值依然为 0.005，使得结构电位是主导电位；由于厚度降低的比例较电位差更大，因此电场强度反而随之增大。场强峰值依然出现在介质背面，因为此处有最小电导率。d 缩小到 100μm，场强峰值不再明显降低，因为电位差只有 340V。

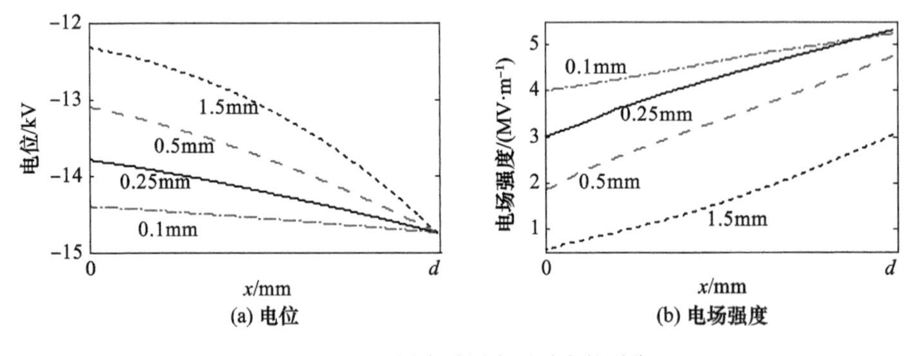

图 6-27　不同介质厚度下对应的平衡

6.5.5　表面二次电子发射系数

众所周知，调整二次电子发射系数（Y_{se}、Y_{be} 和 Y_{si}），将显著影响表面充电电位。全面考察不同材料对应的定量充电结果可作为今后的应用研究方向，这里仅做出一般性讨论。根据介质前后表面电位幅值的相对大小，将不同发射系数对应的结果分为三类：

（1）$U(0)=U(d)$，与双面接地的深层充电得到的电场强度分布是一致的，而电位分布在 0V 电位基础上叠加 $U(0)$。

（2）$U(0)<U(d)$，正是上述讨论的情况。实际上，除聚酰亚胺之外，另外两种典型介质环氧树脂和聚四氟乙烯有类似的充电特征。三种材料都是高分子聚合物，密度和电导率取值相接近，那么得到的电荷输运模拟结果是接近的。另外根据表 6-1，将二次电子发射相关参数分别换成环氧树脂和聚四氟乙烯的对应参数，在 ECSS 恶劣等离子体环境下，得到二者对应的表面充电电位分别是 $U(0)=-10195\text{V}$

和 -10566V,与聚酰亚胺对应的 -12154V 是接近的,而且都满足 $U(0) < U(d)$。

(3) $U(0) > U(d)$,也就是材料表面充电电位幅值大于结构体电位。

用黑色聚酰亚胺材料替换结构体充电中的铝,得到时域充电过程和稳态充电结果分别如图 6-28 和图 6-29 所示。

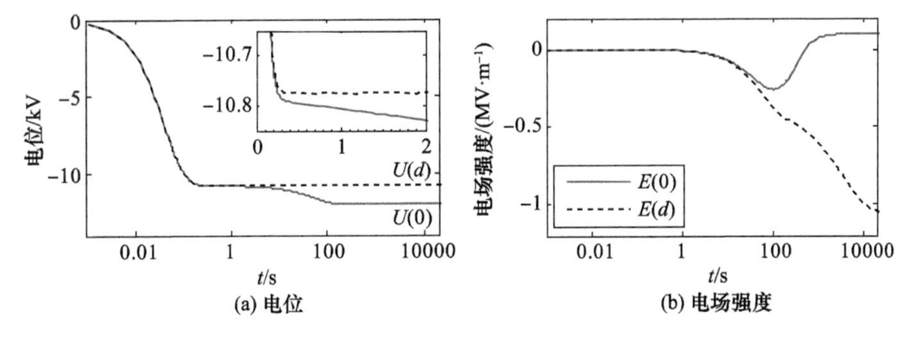

图 6-28 边界电位和电场强度随时间的变化(黑色聚酰亚胺)

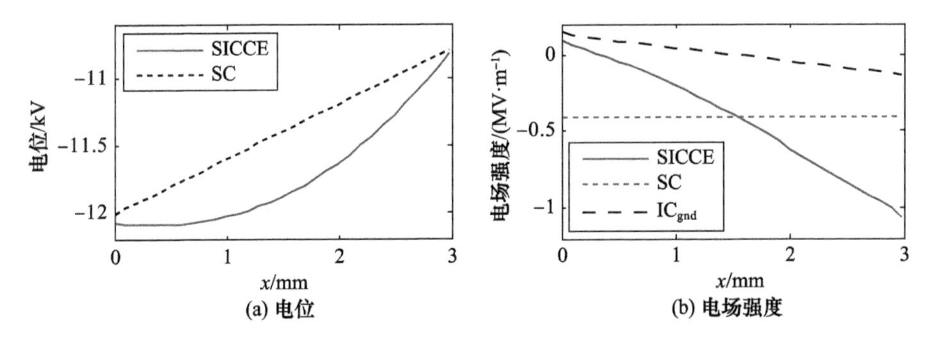

图 6-29 新模型和表面充电与深层充电结果对比(黑色聚酰亚胺)

与 $U(0) < U(d)$ 相比,充电平衡时间几乎不变;介质中传导电流仍忽略不计,背面电位从铝对应的 -14.8kV 变为黑色聚酰亚胺对应的 -10.76kV,低于表面的 -12.1kV电位,所以不出现表面电位的过充。另外,作为图 6-9 中虚线代表的典型结果,电场强度从左边界的正值变到右侧的负值,仍然满足电荷守恒定律。共同特征是新模型得到的电位分布依然是越靠近背面斜率越大,即电场强度幅值越大,这是因为介质内部电导率分布未变。电场强度峰值超过表面充电与深层充电对应的峰值,表明在这种情况下,同样有必要采用新模型来得到外露介质充电的全面评估。

第7章　典型外露介质充电仿真与防护设计应用

第6章提出了外露介质充电模型SICCE,并探讨了一维充电情况下的带电规律。本章利用SICCE对航天器典型外露介质展开进一步仿真分析。一方面,对SICCE做出拓展,实现二维与三维仿真;另一方面,针对航天器特殊工况下的典型外露介质充电进行研究,得到多因素作用下外露介质充电特征。与此同时,利用仿真进行外露介质带电防护设计。

7.1　进入地影期间非均匀温度分布对外露介质充电的影响

外露介质在光照与背光面之间存在相当可观的非均匀温度分布,对应一定的电导率分布。光照还显著增大表面入射电流,使航天器表面电位趋向于正电位(不超过几伏特)。鉴于光照环境下,发生严重充放电事件的概率比较低,所以考虑航天器进入地影时的充电情况。此时,外露介质表面与背面存在较大温差。以外露聚酰亚胺介质板充电为例,考察温度分布对充电的作用规律。

7.1.1　电导率温度谱

选择聚酰亚胺材料,采用电导率公式来考虑温度对σ_{ET}的影响,各参数为$T_{trans}=268K$,$\sigma_{trans}=1.34\times10^{-15}S/m$,$E_A=0.4eV$,$T_V=5\times10^7K$,得到温度区间[150K,400K]内4种场强下的σ_{ET},如图7-1所示,电导率随温度和场强增大而升高。其中100MV/m量级的强电场在实际中并不常见,这里仅是作为对照。

对于辐射诱导电导率σ_{ric},低温下(小于250K)的温度效应可以忽略不计;当超过250K之后,σ_{ric}随温度升高而增大。假设从150K到400K时,k_p线性增大一个量级,而293K下$k_p=8.53\times10^{-14}S\cdot m^{-1}(rad\cdot s^{-1})^{-\Delta}$;又根据式(5-12)和$\Delta(293K)=0.713$,得到$k_p$和$\Delta$随温度变化情况如图7-2所示。低于250K时,这两个系数保持恒定,高于250K之后,随着温度升高,k_p逐渐增大,指数Δ逐渐减小。当辐射剂量率$\dot{D}$分别等于$0.01rad\cdot s^{-1}$、$0.10rad\cdot s^{-1}$和$1.00rad\cdot s^{-1}$时,聚酰亚胺的σ_{ric}随温度变化结果如图7-3所示,这表明σ_{ric}随$\dot{D}$增大而升高,且

不同 $\dot{D}$ 情况下,温度对 σ_{ric} 的作用规律是一致的,250K 以上温度呈正相关。

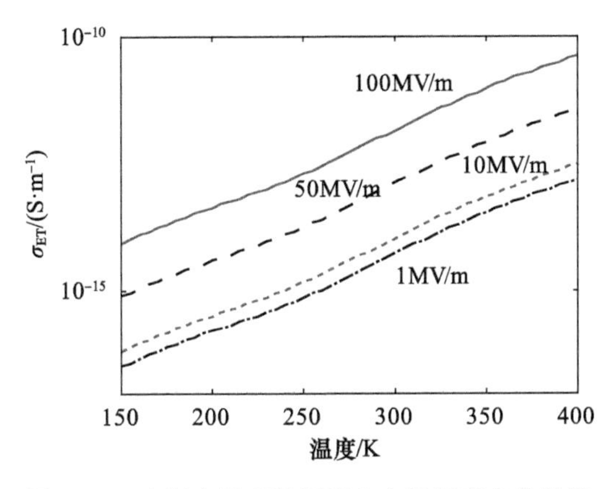

图 7－1　本征电导率随温度和电场强度变化规律

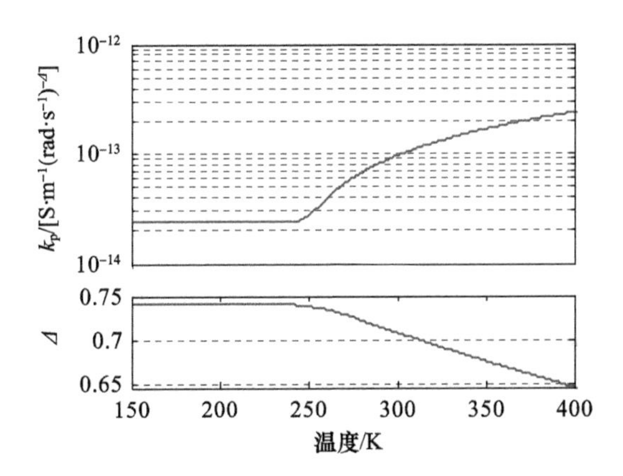

图 7－2　辐射诱导电导率参数随温度变化规律

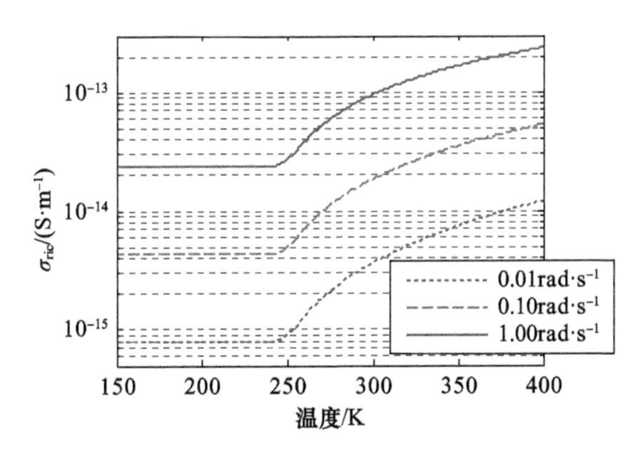

图 7－3　聚酰亚胺辐射诱导电导率随温度变化

7.1.2 不同温度梯度下的充电结果分析

由于介质背面与航天器本体接触，且本体一般采取良好的温控措施，所以假设介质背面($x=3$mm)温度为293K；正面($x=0$mm)温度取值范围从150K到400K。得到不同温度分布下沿厚度方向电导率分布如图7-4所示，由于电场强度不超过5.0MV/m，其带来的电导率增大效应微弱，所以σ_{ET}随温度升高呈指数增大，均匀温度下的σ_{ET}近似为定值3.74×10^{-15}S/m。因为辐射剂量率随深度增大呈指数衰减，所以即使在均一温度293K下，辐射诱导电导率σ_{ric}也随深度近似呈指数衰减。当温度分布高于或低于293K时，σ_{ric}随之涨落。对于150K的低温环境，因为250K以下时k_p和Δ不受温度影响，于是σ_{ric}出现图7-4(b)所示的先降低后升高的变化趋势。σ_{ET}与σ_{ric}相加得到总电导率如图7-5所示。不难发现，由于缺少屏蔽，外露介质的σ_{ric}在总电导率中占有相当大的比重，如图7-6所示，当温度低于350K时，介质深度1mm以内对应的电导率有超过70%以上来自σ_{ric}。本例中，介质厚度达到3mm，得到的背面辐射剂量已经很低，所以在介质背面附近的σ_{ET}对总电导率的贡献超过50%。

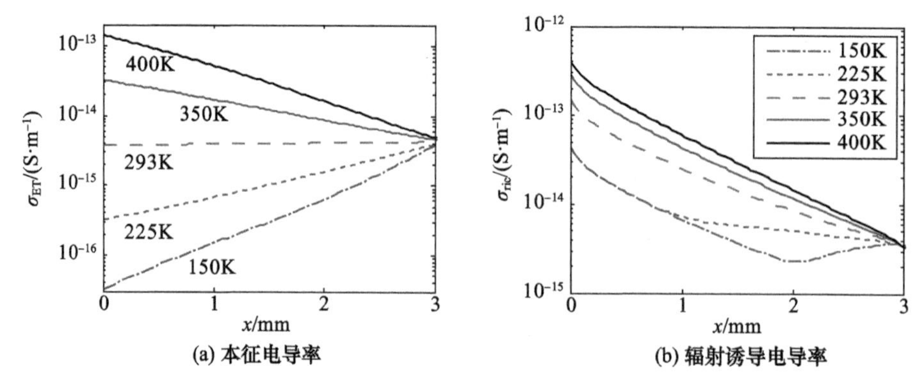

(a) 本征电导率　　(b) 辐射诱导电导率

图7-4　不同温度分布下的电导率分布

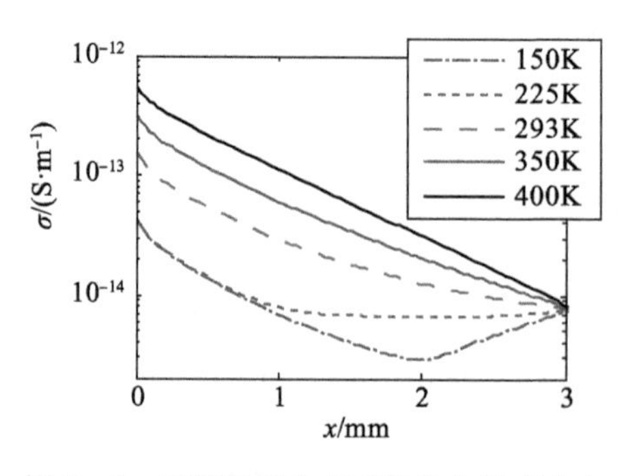

图7-5　不同温度分布下的总电导率分布

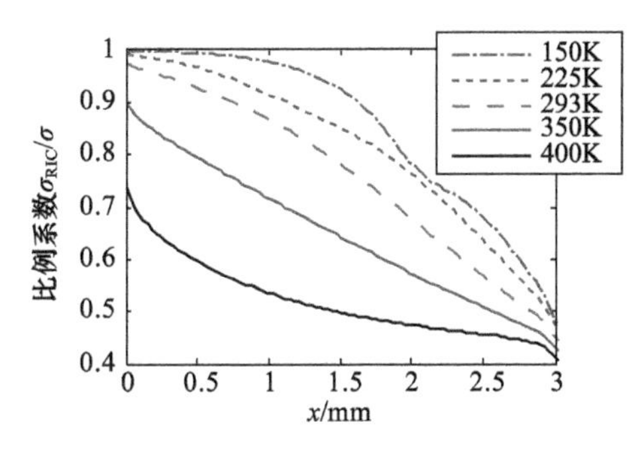

图 7-6　辐射诱导电导率占总电导率的比例

平衡态充电结果如图 7-7 所示。总体趋势为，随着表面温度升高，电位分布的“拱形”程度增大，对应的背面场强峰值逐步增大，而且低温环境下的场强峰值会出现在介质内部。值得关注的是，当外部温度达到 400K（近 130℃）时，场强峰值反而升高，以场强峰值来讲，充电并未得到缓解，这与通常所认为的高温有利于缓解深层充电的规律是不同的。具体分析原因如下：

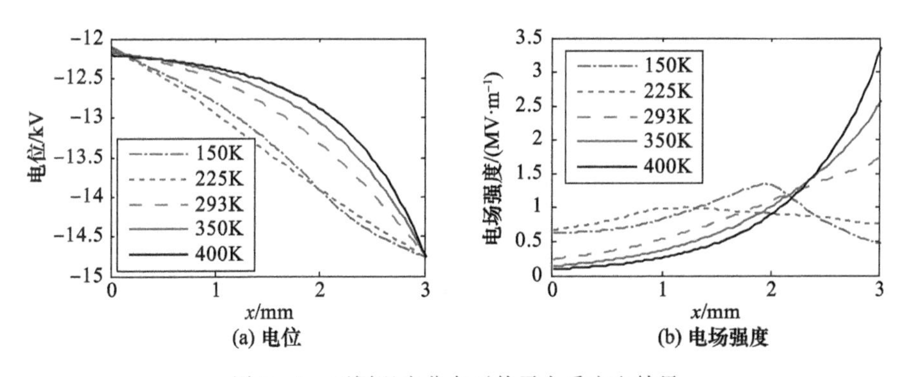

图 7-7　不同温度分布下外露介质充电结果

先前进行的深层充电分析并未考虑表面充电电流的影响，而外露介质充电是综合考虑表面充电与深层充电的结果。将场强峰值 E_{max} 与对应电位差导致的匀强电场之比定义为电场畸变指标 κ，即

$$\kappa = \frac{E_{max}}{\Delta U/d} \tag{7-1}$$

如表 7-1 所列，随着外表面温度升高，畸变程度逐渐增大，该过程中 ΔU 几乎保持不变，主要是 E_{max} 逐步增大。从电流连续性方程考虑，介质中传导电流密度和总电导率分布如图 7-8 和图 7-5 所示。分析可知，导致高温下场强峰值变大的根本原因在于高温对应的介质平均传导电流密度增加，根据前面关于电导率的分析可知，这将导致表面电位趋向于背面电位，即表面电位幅值增大，如表 7-1 所列。即

便是表中所示表面电位小幅度变化(小于100V),也会导致表面入射电流 $j_1(U(0))$ 显著增大,而深层充电的总电流密度 j_e 是固定的,所以背面传导电流密度 j_{end} 随之增大,这是一个自洽的过程。又因为背面温度保持不变,对应的电导率变化很小(主要是受电场强度的影响),从而场强峰值增大。

表7-1 不同温度分布下前后表面充电结果

温度分布/K	$U(0)$/V	$j_1(U(0))$/(nA·m^{-2})	j_{end}/(nA·m^{-2})	σ(end)/(10^{-15}S·m^{-1})	κ
150~293	-12114	26.88	3.47	7.35	1.5
225~293	-12122	29.03	5.62	7.38	1.1
293~293	-12152	36.88	13.47	7.66	2.0
350~293	-12179	43.82	20.41	7.90	3.0
400~293	-12207	50.99	27.58	8.16	4.0

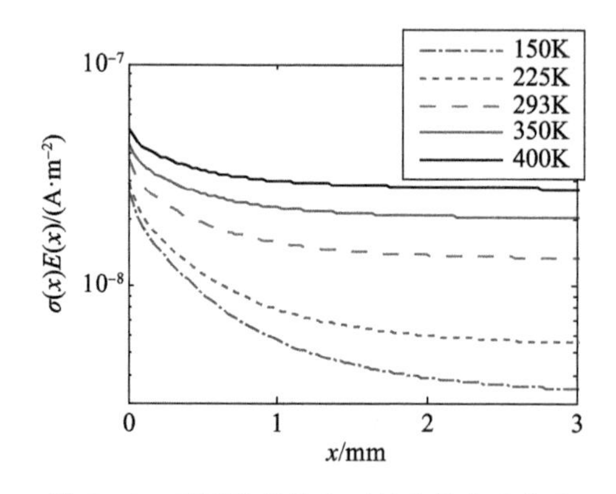

图7-8 不同温度分布下的传导电流密度

电位拱形程度的增加归因于电场强度分布不均匀性的加剧。分析其原因:图中标注293K的曲线是均匀温度分布下的充电结果,此时的电导率分布随着深度增大显著衰减,而传导电流密度到一定深度后衰减趋势很小,根据欧姆定律 $J=\sigma E$,这将导致电场强度沿深度方向逐步增加,到背面出现最小电导率和场强峰值。表面温度变化产生两种温度梯度,当表面温度高于背面293K时,记为负向温度梯度,反之为正向温度梯度。负向温度梯度会加剧电导率随深度的衰减速度,从而导致电场分布更加不均匀和场强峰值的进一步增大;正向温度梯度会削弱本来的电导率衰减趋势,从而得到相反的结果,而且当正向温度梯度达到一定值后,如表面温度150K的情况,沿深度方向温度的显著升高会导致总电导率在接近介质背面附近出现增大的趋势,这就导致背面电场强度出现下降,从而场强峰值出现在介质内部。

考虑 $U(0)>U(d)$ 情况,即结构地为Black Kapton,相同的温度分布同样会导致背面场强峰值畸变放大,如图7-9所示,且表面温度越高,场强峰值越大;电导率和传导电流密度分布规律与图 7 - 5 和图 7 - 8 一致,同理可以解释出现电场畸变放大的现象。温度分布也会对瞬态充电过程产生一定影响,但总体变化不大,而且航天器表面电容典型取值范围内,场强峰值都是出现在充电平衡之后,因此瞬态充电情况不再讨论。

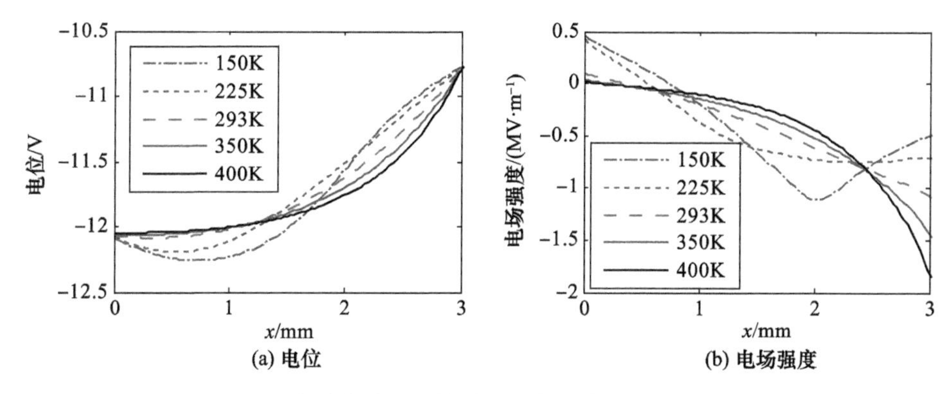

图 7 - 9　温度分布对充电结果的影响(结构地黑色聚酰亚胺)

7.2　背面不完全“接地”情况下的外露介质充电二维仿真

考虑背面与航天器的非规则接触,即图 6 - 2 中所示背面“接地”与绝缘边界共存的情况。将第 6 章的一维充电模型拓展为二维模型,如图 7 - 10 所示。二维模型的上表面代表介质正面,下表面实线部分代表与航天器结构体接触边界,虚线边界代表绝缘边界。又因为所截取的局部结构,所以左右两个侧边也是绝缘边界。该二维模型代表实际中背面不完全接地的外露介质板充电模型。除了上述边界条件不同之外,其余充电因素和充电环境与第 6 章一致。

采用 Comsol 软件计算电位和电场强度,利用对称性,只剖分和计算右半部分区域。网格剖分在两类边界接触点位置进行细化(局部最小网格达到 0.001mm),如图 7 - 10 所示。相对于之前的一维仿真程序,Comsol 不能直接得到稳态解,只能通过时域仿真来逼近稳态解。此外,航天器单位表面积电容取值越小,对应的时间步长越小。当 $C_0 = 10\text{pF}$ 时,$\Delta t < 0.01\text{s}$,考虑到电容并不影响平衡电位,为了提高计算效率,令 $C_0 = 10\text{nF}$,得到平均时间步长为 3.6s。仿真该二维模型的总充电时间为 2h,在 Lenovo ThinkStation(CPU 2.3GHz,RAM 32GB)平台耗时约为 30min。

不同充电时刻下图 7 - 10 所示中线上的电位与电场分布如图 7 - 11 所示,可见 2h 的充电时间能够达到充电平衡。与之前的一维模型对比,此处电位和电场分布与一维结果十分相近,因为该中线两端边界条件与一维情况一致,而且内部电荷沉积与电导率分布也相同。此时场强峰值约为 2MV/m。

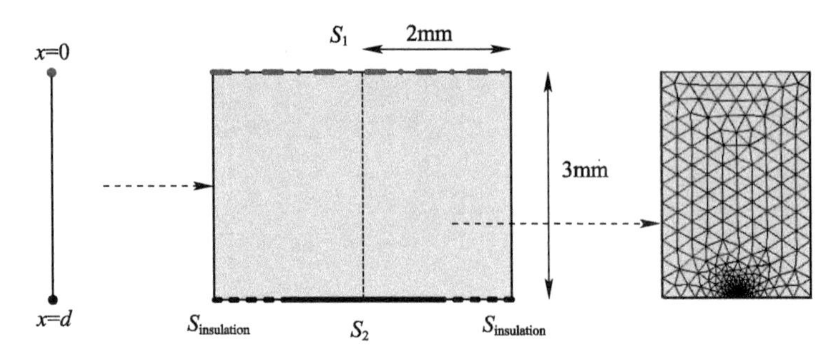

图 7－10　考虑背面绝缘边界的 SICCE 二维模型与网格剖分的局部加密

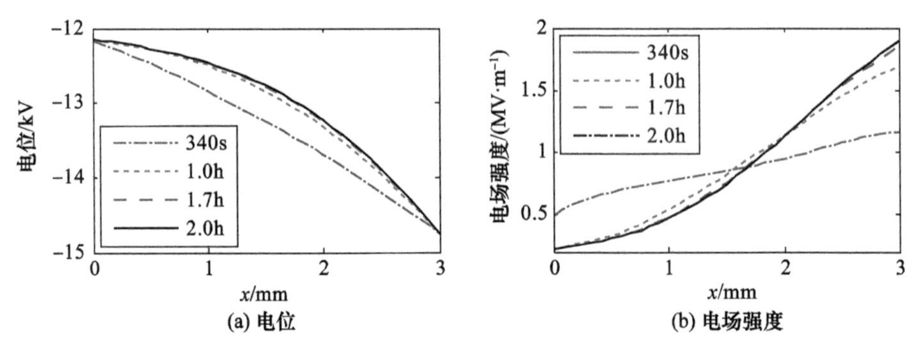

图 7－11　不同时刻二维模型中线位置的电位与电场分布

非规则边界导致的最显著变化体现在 S_2 和 $S_{insulation}$ 的结合点处出现电场畸变放大，如图 7－12 所示，S_1 和 S_2 边界上电位分别代表介质表面与航天器结构平衡电位。在 S_2 到 $S_{insulation}$ 的过渡点出现场强峰值，达到 25MV/m 量级，较具有规则边界的一维模型场强峰值高出一个数量级。场强峰值点位于不等量充电的过渡点，与 SADM 模型中不完整接地情况类似，该点附近的传导电流密度急剧增加，导致电场强度随之畸变增大。这表明恶劣充电环境下，航天器表面不等量充电有可能引发介质击穿放电。这种情况下，必须依靠二维或三维仿真来评估充电水平，而一维仿真有可能低估充电危险。

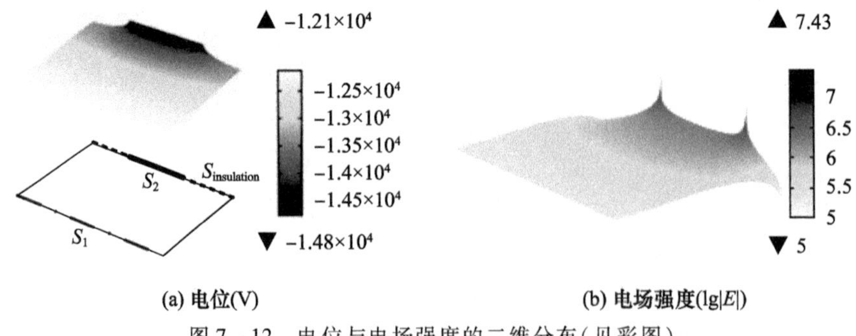

图 7－12　电位与电场强度的二维分布（见彩图）

7.3 外露电缆束介质结构充电特征

在规则边界条件下,温度分布是造成电场畸变的主要原因,其根本原因是电导率的不均匀分布。除了受温度影响外,辐射环境变化也会导致电导率的较大改变,例如当高能电子辐射骤降时,辐射诱导电导率的消退可能加重充电程度,而这就有可能发生在航天器外露电缆绝缘层中。

7.3.1 外露电缆束结构与电荷输运模拟

航天器蒙皮外存在多根成捆电缆,此处简称电缆束。如图 7-13(a)所示,电缆束横截面为正六面体,单根电缆的外径 2.08mm,内径 1.70mm,绝缘层厚度 0.19mm,材料为聚四氟乙烯,芯线为铜线。约定芯线与航天器结构体等电位,即绝缘层内表面代表 SICCE 模型的 S_2 边界。电缆束的外表面与等离子体相互作用,为 S_1 边界。

在电荷输运模拟中,取电缆束总长度 8mm,电子发射源为包围电缆束的半径为 10mm 的柱面源,如图 7-13(b)所示,粒子入射角度满足余弦分布,即模拟各向同性辐射环境。该模型本质上为横截面代表的二维模型。芯线对电荷输运模拟具有重要影响,因此图 7-13(b)包含芯线结构。以模型最右端绝缘层的 Q_{j} 和 σ_{ric}为代表,得到的电荷输运结果如图 7-14 所示,横坐标 0~0.2mm 代表从表面内层至外表面方向。可见越靠近外层二者幅值越大,到内层由于铜线的作用电荷沉积率稍有增加,这是入射电子碰到密度更大的铜线在其附近出现显著散射导致的。

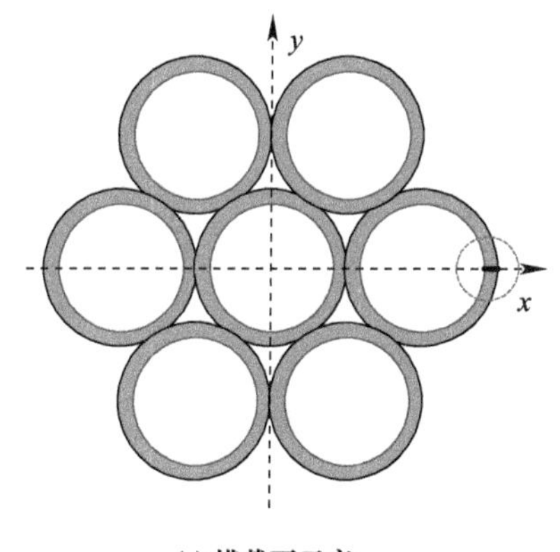

(a) 横截面示意

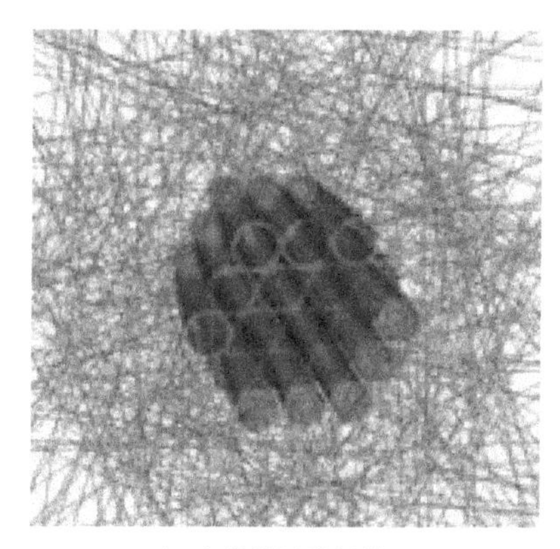

(b) 电荷输运模拟情况

图 7-13 电缆束建模(见彩图)

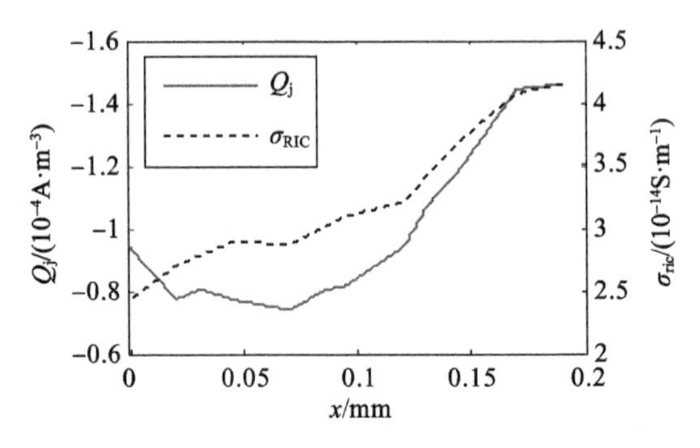

图 7-14 电缆束绝缘层中电荷沉积率和辐射诱导电导率

7.3.2 充电结果与分析

取环境温度 293K，总充电时间 1.0h，利用 SICCE 进行时域求解，得到图 7-13(a)所示的最右侧绝缘层内外电位和电场强度随时间变化结果，如图 7-15 所示。由于电缆绝缘层的内外边界均是规则边界，所以沿径向近似等效一维平板模型。按照外露介质充电过程的三阶段特征，此处增大电容 C_0 为 10nF，导致第一阶段充电时间显著增大。因为绝缘层厚度 $d=0.19$mm，其等效平板的单面面积电容大于一维 SICCE 模型，所以第二阶段充电时间显著增大；又由于绝缘层较薄，在 293K 温度下，其电导率由辐射诱导电导率主导，在 10^{-14}S/m 量级，大于一维 SICCE 模型的平均电导率，所以第三阶段的充电时间相应缩短。从图 7-15 中表现的充电结果收敛趋势可知，充电约 1.0h 达到平衡状态。

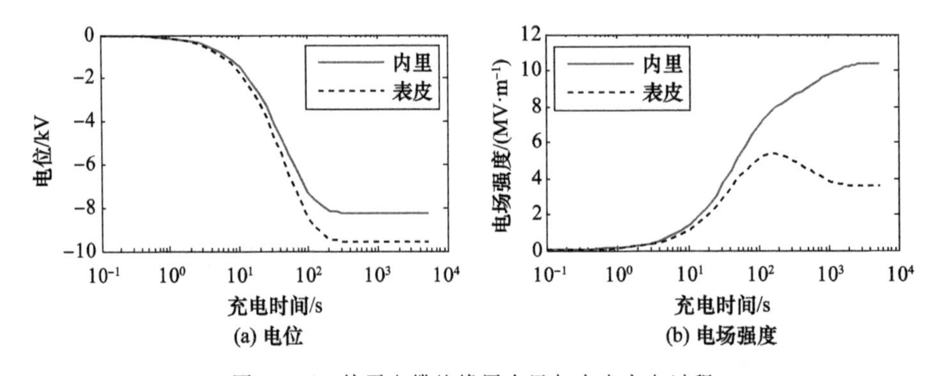

图 7-15 外露电缆绝缘层内里与表皮充电过程

平衡态的电位二维分布如图 7-16 所示。航天器结构体与外圈电缆绝缘层电位存在相当可观的电位差(超过 1.5kV)，中间单根电缆绝缘层因为外圈铜线屏蔽，所以保持航天器结构体电位。也正是此处不等量带电的电位差，导致外圈绝缘层存在较高的电场强度,峰值达到 10^7V/m 量级。以最右边绝缘层沿厚度方向(总厚度 0.19mm)的电场强度分布为例,得到不同时刻的充电结果如图 7-17 所示。场强峰值出现在电缆芯线与绝缘层的接触点,这是因为 293K 下的介质总电导率由辐射诱导电导率 σ_{ric} 来决定,而此处 σ_{ric} 最低,所以出现场强峰值。

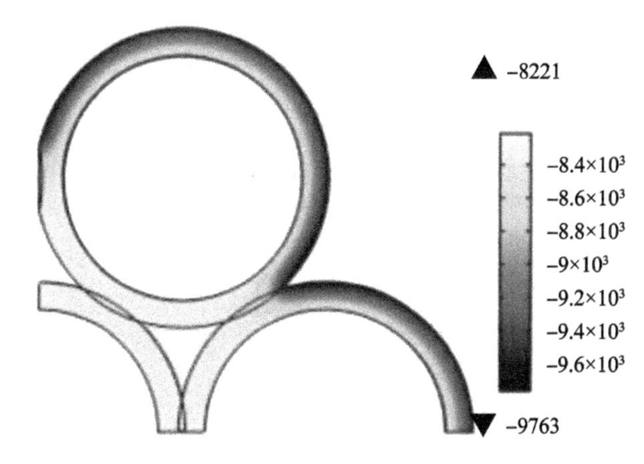

图 7-16 外露电缆束绝缘层平衡电位(V)二维分布(见彩图)

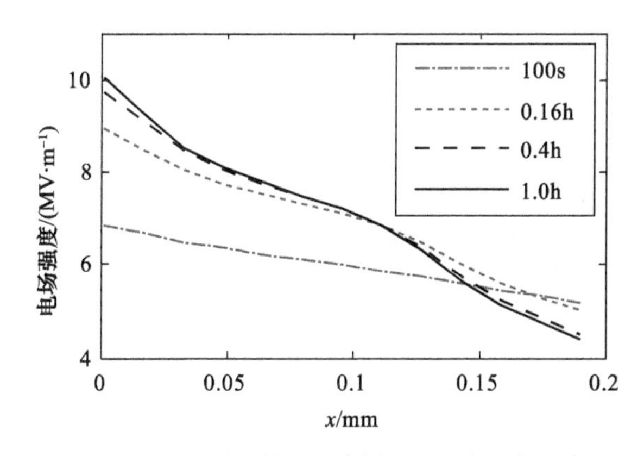

图 7-17 不同时刻沿绝缘层厚度方向电场分布

将此处仿真结果与外露介质深层充电结果进行对比。所谓外露介质深层充电是指充电过程仅考虑高能电子辐射,而忽略了等离子体影响。在相同的高能电子辐射环境下,将绝缘层内表面接地,外露表面设置为绝缘边界,得到的充电结果如图 7-18 所示。可见绝缘层内外表面最大电位差不超过 20V,远小于图 7-16 所示 1.5kV;场强峰值同样出现在绝缘层内表面(接地边界),峰值约为 0.2MV/m,为外露介质充电结果(图 7-15)的五分之一,没有达到介质击穿放电的电场量级。也就是说,等离子体对外露介质充电带来较大的影响,有必要采用本章提出的外露介质充电模型 SICCE 进行外露介质充电评估。

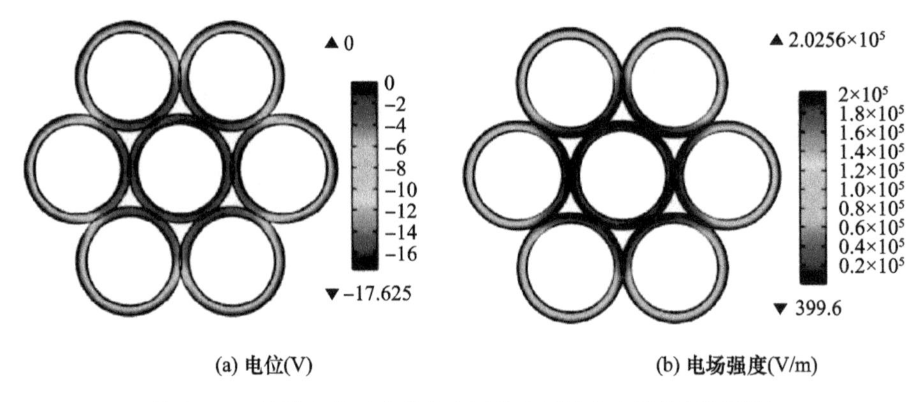

图 7-18　外露电缆不考虑等离子体作用的充电结果（见彩图）

7.3.3 高能电子辐射骤降对外露电缆束充电的影响

高能电子辐射停止后，辐射诱导电导率并不是马上消失，而是经历平缓衰退过程，称为辐射诱导电导率的延迟效应。参照相关文献，取衰退时间常数为 300s。时域仿真中在 1500s 时启动衰退过程，让 Q_j 和 σ_{ric}在随后的 300s 内衰减到初值的 $1/e$，即

$$Q_j(t)=\begin{cases}Q_{j0}, & t\leqslant 1500\\ Q_{j0}\exp\left(-\dfrac{t-1500}{300}\right), & t>1500\end{cases} \tag{7-2}$$

式中：Q_{j0}代表初值；σ_{ric}的衰退过程与 Q_j 相同。受高能电子辐射消退影响的充电结果如图 7-19 所示，其中虚线代表高能电子持续辐射下的结果（图 7-15）。

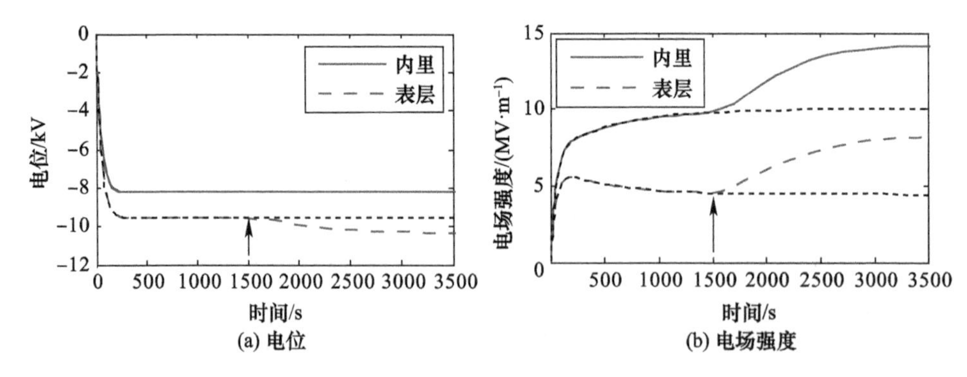

图 7-19　高能电子辐射衰退对充电结果的影响

高能电子消退导致绝缘层电导率显著下降，使得内外表面之间的传导电流降低，内外表面趋向于充电到各自表面充电的结果。因为 $c_r=0.005$，使得结构地充

电表面积远大于电缆的外表层，所以结构地电位保持不变，而电缆表层电位向负电位方向增大，导致电位差增大。因此场强峰值增大了将近 50%，峰值依然出现在绝缘层内里，因为衰减到 1h 依然是内里处电导率最小。随着时间推移，辐射诱导电导率逐渐消失，电场强度会趋向于匀强电场。该现象表明，高能电子辐射骤然消退而造成表面充电的等离子体环境未变时，电场强度会进一步增大，可能诱发介质击穿放电。据此可得到结论：对于航天器外露电缆绝缘层，最大的充电威胁来源于内外表面不等量充电造成的强电场，而高能电子辐射因为产生辐射诱导电导率，所以在一定程度上起到缓和充电的作用，如果骤然消退则会导致电导率下降，电场强度增大。

7.4 外露天线支撑结构的充电特征与防护设计

7.4.1 仿真结果与放电风险分析

如第 5 章指出，天线支撑介质结构的充电仿真需要考虑表面与等离子体的相互作用，而不是视为接地。外表面可分为两类边界：一类是与螺旋天线接触的边界，由于天线电位基本等于结构体电位，所以将该边界视为与航天器结构体接触边界 S_2；另一类边界为与等离子体发生直接相互作用的边界 S_1。考虑到整个天线的三维仿真计算量巨大，只抽取涵盖以上特征的局部结构进行仿真，如图 7-20(a)所示。此处存在的非规则边界是由 S_1 与 S_2 邻接造成的，对邻接点网格加密达到了 0.001mm 的剖分细度。

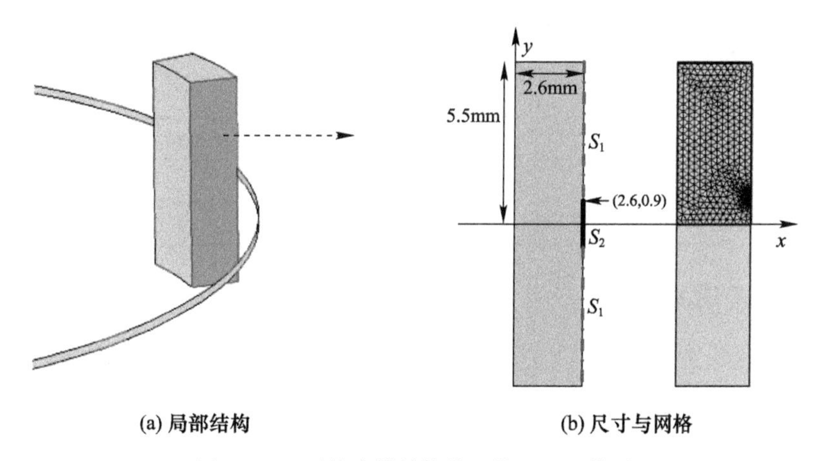

图 7-20 天线支撑结构的二维 SICCE 模型

为了尽可能得到贴近实际情况的充电结果，考虑不同材料对结构电位的影响，使得结构地单独充电的电位约为 -8220V。总充电时间为 2h，平均时间步长约为

3.5s，耗时<1h，得到的电位与电场强度分布如图7-21所示。对比前述的仿真结果，如表7-2所列，因为SICCE考虑了外边界不同区域分别受到等离子体和航天器结构体的充电电位影响，所以得到了完全不同的充电结果。由表面不等量充电电位差决定了模型中出现的最大电位差，达到1.8kV，几乎是深层充电结果的3倍；更加显著的差异在于新模型SICCE得到的场强峰值达到41MV/m，高出原来结果(0.4MV/m)两个数量级。分析其原因，介质电导率太低，导致不等量充电电位在两种边界邻接点处变化率太大，邻接点附近存在电流汇聚效应，导致电场畸变放大。虽然场强峰值只是出现在边界的某点，但是造成介质击穿放电的往往正是由介质中最脆弱的某个点开始的，所以在恶劣充电环境下，航天器外露介质的某些关键部位，发生介质击穿放电的概率很大。

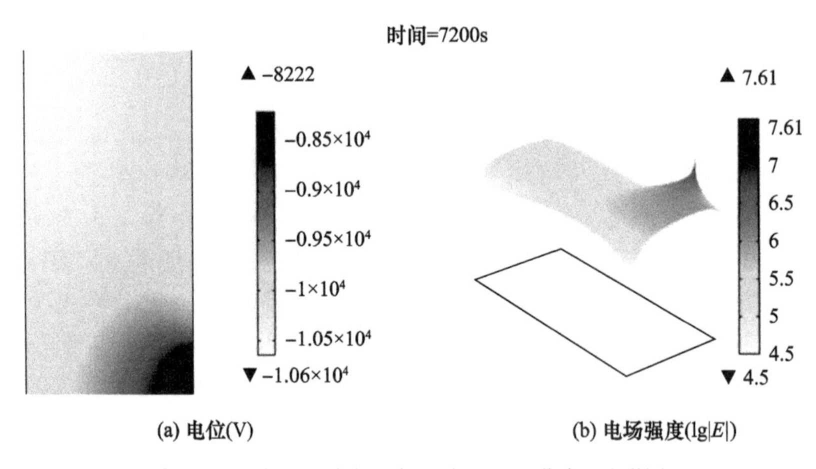

图7-21 表面电位与电场强度的二维分布(见彩图)

表7-2 SICCE得到的结果与深层充电结果对比

计算模型	最大电位差/kV	场强峰值/(MV·m⁻¹)
深层充电	0.7	0.4
SICCE	1.8	41.0

7.4.2 放电防护设计

电场畸变出现在天线支架的外侧与导体接触的关键点，为避免电场畸变导致介质击穿放电或诱发表面放电，尝试通过喷漆或者表面改性来适当提高介质最外层电导率。在仿真中，控制支撑结构最外层100μm对应的本征电导率，令其取值分别为10^{-12}S/m、10^{-11}S/m和10^{-10}S/m，得到的电位与电场强度峰值结果如图7-22所示，图示为充电关键点左右各0.4mm的结果，其中10^{-13}取自图7-21的结果(其中辐射诱导电导率在最外层达到1.2×10^{-13}S/m)。电导率高于10^{-12}S/m，可保证畸变的场强不超过峰值 10^7 Vm；而电导率大于 10^{-10} S/m 时，表面的电位区分度已经很弱。综合考虑，令表面 100μm 深度内的表层介质电导率约为 10^{-12} S/m，则可以得到良好的防静电击穿效果。

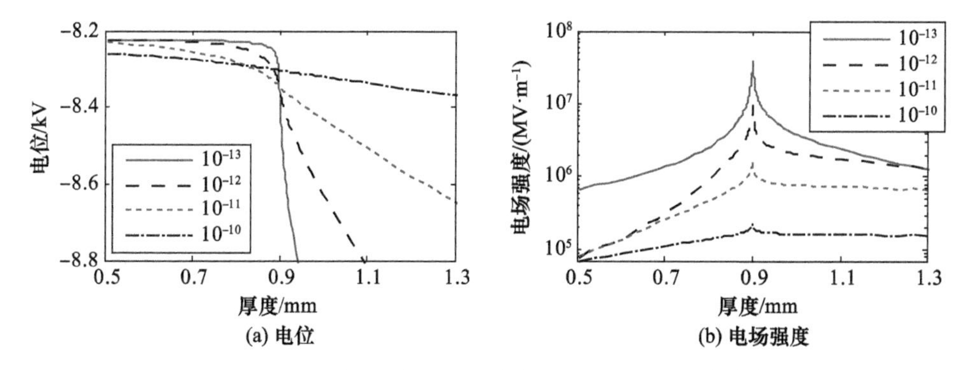

图 7-22　表面电位和电场分布随薄层(100μm)电导率的变化规律

参 考 文 献

[1] 黄本诚,童靖宇．空间环境工程学[M]．北京:中国科学技术出版社,2010:455.

[2] 杨炳忻．香山科学会议第 466 ~ 470 次学术讨论会简述[J]．中国基础科学,2014(1):21 - 27.

[3] 龚自正,曹燕,侯明强,等．空间环境及其对航天器的影响与防护技术[C]．中国数学力学物理学高新技术交叉研究学会第十二届学术年会论文集,2008:287 - 297.

[4] 王立,张庆祥．我国空间环境及其效应监测的初步设想[J]．航天器环境工程,2008,25(3):215 - 219.

[5] 刘尚合,魏光辉,刘直承,等．静电理论与防护[M]．北京:兵器工业出版社,1999:267.

[6] Lai S T. Fundamentals of spacecraft charging - spacecraft interactions with space plasma [M]. Princeton:Princeton University Press,2012.

[7] Roeder J L,Fennell J F. Differential charging of satellite surface materials[J]. IEEE Transactions on Plasma Science,2009,37(1):281 - 289.

[8] 杨昉,师立勤,刘四清,等．低轨道航天器的表面充电模拟[J]．空间科学学报,2011,31(4):509 - 513.

[9] 杨垂柏,梁金宝,王世金．地球同步轨道卫星表面电位探测一类方法初探[J]．核电子学与探测技术,2007,27(3):597 - 599.

[10] 盛丽艳,蔡震波．GEO 卫星表面充电相对电位的工程分析[J]．航天器环境工程,2007,16(6):93 - 97.

[11] 朱长青,刘尚合,魏明．ESD 辐射场测试研究[J]．电子学报,2005,33(9):1702 - 1705.

[12] 李凯,谢二庆,王立．高充电致高电压太阳阵持续飞弧放电的实验研究[J]．中国科学,2007,37(3):344 - 350.

[13] 李凯,王立,秦晓刚．地球同步轨道高压太阳电池阵充放电效应研究[J]．航天器环境工程,2008,25(2):125 - 128.

[14] 崔万照,杨晶,张娜．空间金属材料的二次电子发射系数测量研究[J]．空间电子技术,2013,10(2):75 - 78.

[15] 王立,秦晓刚．空间材料表面充放电性能试验评估方法研究[J]．真空与低温,2002,8(3):83 - 87.

[16] 杨集,陈贤祥,周杰．尾迹对卫星周围等离子体扰动特性分析[J]．宇航学报,2010,31(2):531 - 535.

[17] 吴汉基,蒋远大,张志远,等．航天器表面电位的主动控制[J]．中国航天,2008,8(1):36 - 40.

[18] Matéo - Vélez J - C,Roussel J - F,Rodgers D,et al. Conceptual design and assessment of an e-

lectrostatic discharge and flashover detector on spacecraft solar panels[J]. IEEE Transactions on Plasma Science,2012,40(2):246 - 253.

[19] Sjögren A,Eriksson A I,Cully C M. Simulation of potential measurements around a photoemitting spacecraft in a flowing plasma[J]. IEEE Transactions on Plasma Science, 2012, 40(4): 1257 - 1261.

[20] Wright K H, Schneider T A, Vaughn J A, et al. Electrostatic discharge testing of multijunction solar array coupons after combined space environmental exposures[J]. IEEE Transactions on Plasma Science,2012,40(2):334 - 344.

[21] Abdel - Aziz Y A, El - Hameed A M A. Ground - based simulation for the effects of space plasma on spacecraft[J]. Advances in Space Research,2013,51(1):133 - 142.

[22] Ferguson D C. New frontiers in spacecraft charging[J]. IEEE Transactions on Plasma Science, 2012,40(2):139 - 143.

[23] Garrett H B,Whittlesey A C. Spacecraft charging,an update[J]. IEEE Transactions on Plasma Science,2000,28(6):2017 - 2028.

[24] 陈树海. 卫星结构中的非金属材料[J]. 上海航天,2004,3(1):39 - 43.

[25] Wrenn G L. Conclusive evidence for internal dielectric charging anomalies on geosynchronous communications spacecraft[J]. Journal of Spacecraft and Rockets,1995,32(3):514 - 520.

[26] 薛玉雄,杨生胜,把得东,等. 空间辐射环境诱发航天器故障或异常分析[J]. 真空与低温,2012,18(2):63 - 70.

[27] Hughes D. Telsat succeeds in anik - E2 rescue[J]. Aviation Week and Space Technology,1994,141(1):32 - 32.

[28] Baker D N. The occurrence of operational anomalies in spacecraft and their relationship to space weather[J]. IEEE Transactions on Plasma Science,2001,28(6):2007 - 2016.

[29] Han J,Huang J G,Liu Z,et al. Correlation of double star anomalies with space environment[J]. Journal of Spacecraft and Rockets,2005,42(6):1061 - 1065.

[30] Roussel J - F,Dufour G,Matéo - Vélez J - C,et al. SPIS multitimescale and multiphysics capabilities:Development and application to GEO charging and flashover modeling[J]. IEEE Transactions on Plasma Science,2012,40(2):183 - 191.

[31] Fredrickson A R. Upsets related to spacecraft charging[J]. IEEE Transactions on Nuclear Science,1996,43(2):426 - 441.

[32] 张天平. 兰州空间技术物理研究所电推进新进展[J]. 火箭推进,2015,41(2):7 - 12.

[33] 刘业楠,赵华,易忠,等. 空间站带电效应分析及对策[J]. 载人航天,2013,19(5):6 - 12.

[34] Jun I,Garrett H B,Kim W. Review of an internal charging code,numit[J]. IEEE Transactions on Plasma Science,2008,36(5):2467 - 2472.

[35] Robinson P A,Coakley P. Spacecraft charging - progress in the study of dielectrics and plasmas[J]. IEEE Transactions on Electrical Insulation,1992,27(5):944 - 960.

[36] 许滨. 航天器表面充电理论与实验研究[D]. 石家庄:军械工程学院,2013.

[37] 秦晓刚. 介质深层带电数值模拟与应用研究[D]. 兰州:兰州大学,2010.

[38] 全荣辉．航天器介质深层充放电特征及其影响[D]．北京:中国科学院研究生院,2009.
[39] Garrett H B. The charging of spacecraft surfaces[J]. Review of Geophysics and Space Physics, 1981,19(4):577 - 616.
[40] Mullen E G, Gussenhoven M S, Hardy D A, et al. SCATHA survey of high - level spacecraft charging in sunlight[J]. Review of Geophysics and Space Physics, 1986, 91(A2):1464 - 1490.
[41] Violet M D, Frederickson A R. Spacecraft anomalies on the CRRES satellite correlated with the environment and insulator samples[J]. IEEE Transactions on Nuclear Science, 1993, 40(6): 1512 - 1520.
[42] Frederickson A R, Mullen E G. Radiation - induced insulator discharge pulses in the CRRES internal discharge monitor spacecraft samples[J]. IEEE Transactions on Nuclear Science, 1993, 40(2):150 - 154.
[43] Frederickson A R, Mullen E G, Brautigam D H, et al. Radiation - induced insulator discharge pulses in the CRRES internal discharge monitor satellite experiment[J]. IEEE Transactions on Nuclear Science, 1991, 38(6):1614 - 1621.
[44] Green N W, Dennison J R. Deep dielectric charging of spacecraft polymers by energetic protons [J]. IEEE Transactions on Plasma Science, 2008, 36(5):2482 - 2490.
[45] 李盛涛,李国倡,闵道敏,等．入射电子能量对低密度聚乙烯深层充电特性的影响[J]．物理学报,2013,62(5):059401.
[46] 张振龙,全荣辉,韩建伟,等．卫星部件内部充放电试验与仿真[J]．原子能科学技术,2010,44(S1):538 - 544.
[47] 王松,易忠,唐小金,等．地球同步轨道外露介质深层带电仿真分析[J]．高电压技术,2015,41(2):687 - 692.
[48] 焦维新,濮祖荫．飞船内部带电的物理机制[J]．中国科学:A,2000,增刊(1):136 - 139.
[49] 全荣辉,张振龙,韩建伟,等．电子辐照下聚合物介质深层充电现象研究[J]．物理学报,2009,58(2):1205 - 1211.
[50] Anderson P C. A survey of surface charging events on the dmsp spacecraft in LEO [C]. Proceedings of the 7th Spacecraft Charging Technology Conference(SCTC), Noordwijk, the Netherlands, 2001:331 - 336.
[51] Jean - Charles Matéo - Vélez, Theillaumas B, Sévoz M, et al. Simulation and analysis of spacecraft charging using SPIS and NASCAP/GEO[J]. IEEE Transactions on Plasma Science, 2015, 43(9):2808 - 2816.
[52] 秦晓刚,李得天,汤道坦,等．卫星尾迹带电数值模拟研究[J]．真空与低温,2012,18(1):38 - 42.
[53] Mandell M J, Cooke D L, Davis V A, et al. Modeling the charging of geosynchronous and interplanetary spacecraft using Nascap - 2*k*[J]. Advances in Space Research, 2005, 36:2511 - 2515.
[54] Mandell M J, Davis V A, Cooke D L, et al. Nascap - 2*k* spacecraft charging code overview [J]. IEEE Transactions on Plasma Science, 2006, 34(5):2084 - 2093.
[55] Thiébault B, Jeanty - Ruard B, Souquet P, et al. SPIS 5.1: An innovative approach for spacecraft

plasma modeling[J]. IEEE Transactions on Plasma Science,2015,43(9):2782 - 2788.

[56] Muranaka T,Hosoda S,Kim J - H,et al. Development of multi - utility spacecraft charging analysis tool(MUSCAT)[J]. IEEE Transactions on Plasma Science,2008,36(5):2336 - 2349.

[57] Hatta S,Muranaka T,Kim J,et al. Accomplishment of multi - utility spacecraft charging analysis tool(MUSCAT)and its future evolution[J]. Acta Astronautica,2009,64(5):495 - 500.

[58] Lai S T,Tautz M. High - level spacecraft charging in eclipse at geosynchronous altitudes:A statistical study[J]. Journal of Geophysical Research,2006,111(A9):268 - 276.

[59] Lai S T. Some novel ideas of spacecraft charging mitigation[J]. IEEE Transactions on Plasma Science,2012,40(2):402 - 409.

[60] Rodgers D J,Ryden K A,Wrerm G L. Fitting of material parameters for dictat internal dielectric charging simulations using DICFIT[J]. Materials in a Space Environment,2003,540(1):609 - 613.

[61] Sorensen J D,Rodgers J. ESA's tools for internal charging[J]. IEEE Transactions on Nuclear Science,2000,47(3):491 - 497.

[62] Weber K H. Eine einfache reichweite - energie - beziebung für elektronen im energieberich von 3keV bis 3MeV[J]. Nuclear Instruments and Methods,1964,25(1):261 - 264.

[63] Tabata T,Andreo P,Shinoda K. An analytic formula for the extrapolated range of electrons in condensed materials[J]. Nuclear Instruments and Methods in Physics Research Section B:Beam Interactions with Materials and Atoms,1996,119(4):463 - 470.

[64] Tabata T,Andreo P,Shinoda K. An algorithm for depth - dose curves of electrons fitted to monte carlo data[J]. Radiation Physics and Chemistry,1998,53(1):205 - 215.

[65] Tabata T,Andreo P,Shinoda K,et al. Depth profiles of charge deposition by electrons in elemental absorbers:Monte carlo results,experimental benchmarks and derived parameters[J]. Nuclear Instruments and Methods in Physics Research Section B:Beam Interactions with Materials and Atoms,1995,95(3):289 - 299.

[66] Tabataa T,Andreob P,Shinodac K. Fractional energies of backscattered electrons and photon yields by electrons[J]. Radiation Physics and Chemistry,1999,54(1):11 - 18.

[67] 孙建军,张振龙,梁伟,等. 卫星电缆网内部充电效应仿真分析[J]. 航天器环境工程,2014,31(2):173 - 177.

[68] 全荣辉,韩建伟,黄建国,等. 电介质材料辐射感应电导率的模型研究[J]. 物理学报,2007,56(11):6642 - 6647.

[69] 黄建国,陈东. 卫星中介质深层充电特征研究[J]. 物理学报,2004,53(3):961 - 966.

[70] 黄建国,陈东. 卫星介质深层充电的计算机模拟研究[J]. 地球物理学报,2004,47(3):392 - 397.

[71] 乌江,白婧婧,沈宾,等. 航天器抗内带电介质改性方法[J]. 中国空间科学技术,2010,4(2):49 - 54.

[72] 周庆. MCNP 模拟卫星介质深层充电特征[D]. 长春:吉林大学,2013.

[73] Dennison J R,Brunson J. Temperature and electric field dependence of conduction in low - den-

sity polyethylene[J]. IEEE Transactions on Plasma Science,2008,36(5):2246 - 2252.

[74] Frederickson A R, Dennison J R. Measurement of conductivity and charge storage in insulators related to spacecraft charging[J]. IEEE Transactions on Nuclear Science, 2003, 50(6): 2284 - 2291.

[75] Frederickson A R, Benson C E, Bockman J F. Measurement of charge storage and leakage in polyimides[J]. Nuclear Instruments and Methods Physics Research B, 2003, 208(1): 454 - 460.

[76] Xia G, Wei G C, Yu C, et al. Electrical and optical properties of Indium Tin Oxide/epoxy composite film[J]. Chinese Physics B,2014,23(7):076403.

[77] 吴锴,朱庆东,王浩森,等. 温度梯度下双层油纸绝缘系统的空间电荷分布特性[J]. 高电压技术,2012,38(9):2366 - 2372.

[78] 王伟,何东欣,陈胜科,等. 温度梯度场下电缆本体脉冲电声法空间电荷测量声波纠正[J]. 高电压技术,2015,41(6):1084 - 1089.

[79] 陈曦,王霞,吴锴,等. 温度梯度场对高直流电压下聚乙烯中空间电荷及场强畸变的影响[J]. 高电压技术,2011,26(3):13 - 19.

[80] 陈曦,王霞,吴锴,等. 聚乙烯绝缘中温度梯度效应对直流电场的畸变特性[J]. 西安交通大学学报,2010,44(4):62 - 66.

[81] Fowler J F. X - ray induced conductivity in insulating materials[J]. Proceedings of the Royal Society of London, Series A: Mathematical and Physical Sciences,1956,236:464 - 480.

[82] 易忠,王松,唐小金,等. 不同温度下复杂介质结构内带电充电规律仿真分析[J]. 物理学报,2015,64(12):125201.

[83] Tang X J, Yi Z, Meng L F, et al. 3 - D internal charging simulation on typical printed circuit board[J]. IEEE Transactions on Plasma Science,2013,41(12):3448 - 3452.

[84] Mazur J E, Fennell J F, Roeder J L, et al. The timescale of surface - charging events[J]. IEEE Transactions on Plasma Science,2012,40(2):237 - 245.

[85] 李国倡,闵道敏,李盛涛,等. 高能电子辐射下聚四氟乙烯深层充电特性[J]. 物理学报,2014,63(20):209401.

[86] Labonte K. Radiation - induced charge dynamics in dielectrics[J]. IEEE Transactions on Nuclear Science,1982,29(1):1650 - 1653.

[87] Sessler G M. Charge dynamics in irradiated polymers[J]. IEEE Transactions on Electrical Insulation,1992,27(5):961 - 973.

[88] 卢中县. 空间高能电子辐照吸收剂量计算方法及其软件实现[D]. 哈尔滨:哈尔滨工业大学,2007.

[89] Zhutayeva Y R, Khatipov S A. Relaxation model of radiation - induced conductivity in polymers[J]. Nuclear Instruments and Methods in Physics Research B,1999,151:372 - 376.

[90] Sadovnichii D N, Khatipov S A, Tyutnev A P, et al. Radiation - induced conductivity of plasticized flexible - chain polymers[J]. High Energy Chemistry,2003,37(3):191 - 196.

[90] Sadovnichii D N, Tyutnev A P, Milekhin Y M, et al. Radiation - induced conductivity of polymer

composites filled by finely divided oxides[J]. High Energy Chemistry,2003,37(6):436 - 441.
[91] Hanna R,Paulmier T,Molinié P,et al. Radiation induced conductivity in teflon FEP irradiated with multienergetic electron beam[J]. IEEE Transactions on Plasma Science,2013,41(12):3520 - 3525.
[92] Adamec V,Calderwood J H. Electrical conduction in dielectrics at high fields[J]. Journal of Physics D:Applied Physics,1975,8(5):551 - 560.
[93] Yang G M,Sessler G M. Radiation - induced conductivity in electron - beam irradiated insulating polymer films[J]. IEEE Transactions on Electrical Insulation,1992,27(1):843 - 848.
[94] Passenheim B C,Van - Lint V a J,Riddell J D,et al. Electrical conductivity and discharge in spacecraft thermal control dielectrics[J]. IEEE Transactions on Nuclear Science,1982,NS - 29 (6):1594 - 1600.
[95] Sessler G M,Figueiredo M T,Leal Ferreira G F. Models of charge transport in electron - bream irradiated insulators[J]. IEEE Transactions on Dielectrics and Electrical Insulation,2004,11 (2):192 - 202.
[96] Wrenn G L,Smith R J K. Probability factors governing ESD effects in geosynchronous orbit [J]. IEEE Transactions on Nuclear Science,1996,43(6):2783 - 2789.
[97] Leal Ferreira G F,De Figueiredo M T. Currents and charge profiles in electron beam irradiated samples under an applied voltage:Exact numerical calculation and sessler's conductivity approximation[J]. IEEE Transactions on Dielectrics and Electrical Insulation,2003,10(1):137 - 147.
[98] 乌江,白婧婧,沈宾,等. 航天器介质内电场形成机理与防护方法分析[J]. 导弹与航天运载技术,2009,33(5):13 - 17.
[99] Mott N F. Conduction in non - crystalline materials III. Localized states in a pseudogap and near extremities of conduction and valence bands[J]. Phil Mag,1969,19:835.
[100] Amos A T,Crispin R J. The polarizabilities of ch and cc bonds[J]. J Chem Phys,1975,63(5):1890 - 1899.
[101] Apsley N,Hughes P H. Temperature and field dependence of hopping conduction in disordered systems[J]. Philos ophical Magazine,1975,31(6):1327 - 1339.
[102] Gillespie J C. Measurement of the temperature dependence of radiation induced conductivity in polymeric dielectrics[D]. Logan:Utah State University,2013.
[103] 高炳荣,郝永强,焦维新. 用蒙特卡罗方法研究卫星内部带电问题[J]. 空间科学学报,2004,24(4):289 - 294.
[104] Lai S T. Theory and observation of triple - root jump in spacecraft charging[J]. Journal of Geophysical Research,1991,96(A11):19269 - 19282.
[105] Katz I,Parks D E,Madell M J,et al. A three dimensional dynamic study of electrostatic charging in materials [R]. NASA Report no. NASA CR - 135256, NASA Lewis Research Center, Cleveland,OH,1977.
[106] Katz I,Mandell M,Jongeward G,et al. The importance of accurate secondary electron yields in modeling spacecraft charging[J]. Journal of Geophysical Research,1986,91(13):739 - 744.

附录 A　Katz 型二次电子发射系数公式

Nascap－2k 和 SPIS 均采用 Katz 二次电子发射系数模型，该模型不是简单的拟合公式，而是考虑电子的入射深度和阻止本领，具有一定的物理意义，它也是几类二次电子发射系数公式中最复杂的一个。研究表明，采用该模型得到的航天器起电电子温度阈值与 SCHATA 的在轨监测数据具有良好的一致性。

已知绝大部分的电子能量耗散在电激发（electronic excitation）过程，假设单位电激发能够得到一个二次电子的概率随电子入射深度呈指数衰减，那么一个沿 θ 角入射的电子可以激发的二次电子数满足（垂直入射对应 $\theta=0$）

$$\delta = c_1 \int_0^R \left| \frac{\mathrm{d}E}{\mathrm{d}x} \right| \exp(-c_2 x \cos\theta)\,\mathrm{d}x \tag{A-1}$$

能量为 E 的电子对应的入射深度为

$$R = r_1 E^{n_1} + r_2 E^{n_2} \tag{A-2}$$

式中：参数 r_i、n_i（$i=1,2$）由材料决定。假设阻止本领 $\mathrm{d}E/\mathrm{d}x$ 关于 x 呈线性变化，即

$$\frac{\mathrm{d}E}{\mathrm{d}x} = \left(\frac{\mathrm{d}R}{\mathrm{d}E_0}\right)^{-1} + \frac{\mathrm{d}^2R}{\mathrm{d}E_0^2}\left(\frac{\mathrm{d}R}{\mathrm{d}E_0}\right)^{-3} x \tag{A-3}$$

式中：导数项 $\mathrm{d}R/\mathrm{d}E_0$ 代表 R 关于 E 的导数在 E_0 处的取值，二次导数亦如此。计算能量为 E_0 的入射电子的二次电子发射系数，需得到它对应的最大入射深度 R_u，等于以下二式解的较小者，即

$$\begin{cases} \dfrac{\mathrm{d}E}{\mathrm{d}x} = 0 \\ \displaystyle\int_0^{R_u} \left| \frac{\mathrm{d}E}{\mathrm{d}x} \right| \mathrm{d}x = E_0 \end{cases} \tag{A-4}$$

然后，根据材料垂直入射情况下能量为 E_{max} 的电子对应的最大二次电子发射系数 Y_{max}，利用 $\theta=0$ 时的垂直入射公式，令 $Q = c_2 R_u \cos\theta$，有

$$\delta(E,\theta) = c_1\left[R_u \left(\frac{\mathrm{d}R}{\mathrm{d}E_0}\right)^{-1} \frac{1-\exp(-Q)}{Q} + R_u^2 \frac{\mathrm{d}^2R}{\mathrm{d}E_0^2}\left(\frac{\mathrm{d}R}{\mathrm{d}E_0}\right)^{-3} \frac{1-(Q+1)\exp(-Q)}{Q^2}\right] \tag{A-5}$$

进一步有

$$\frac{\mathrm{d}\delta}{\mathrm{d}E_{\max}}=0,\quad \delta(E_{\max},0)=Y_{\max} \tag{A-6}$$

对于各向同性入射,发射系数为

$$\delta(E)=2c_1\left[R_u\left(\frac{\mathrm{d}R}{\mathrm{d}E_0}\right)^{-1}\frac{Q-1+\exp(-Q)}{Q^2}+ZR_u^2\frac{\mathrm{d}^2R}{\mathrm{d}E_0^2}\left(\frac{\mathrm{d}R}{\mathrm{d}E_0}\right)^{-3}\right] \tag{A-7}$$

$$Z=\int_0^1 u\frac{1-(Qu+1)\exp(-Qu)}{Q^2u^2}\mathrm{d}u \tag{A-8}$$

按照文献[105]给出的 SiO_2 材料相关参数,通过计算得到的垂直入射和各向同性入射情况下的二次电子发射系数结果如图 A-1 所示,计算结果与参考文献[105]中给出的结果是一致的。

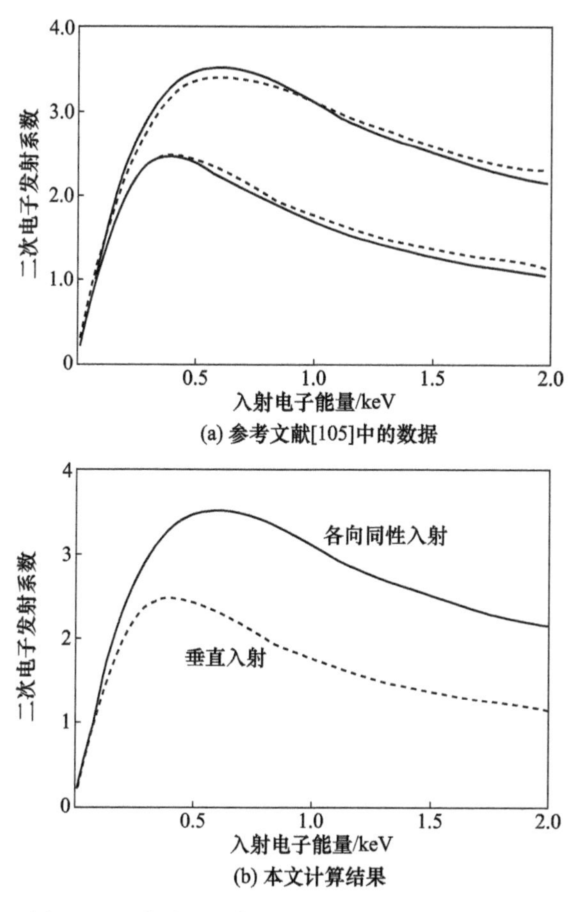

图 A-1　采用 Katz 模型的 SiO_2 二次电子发射系数

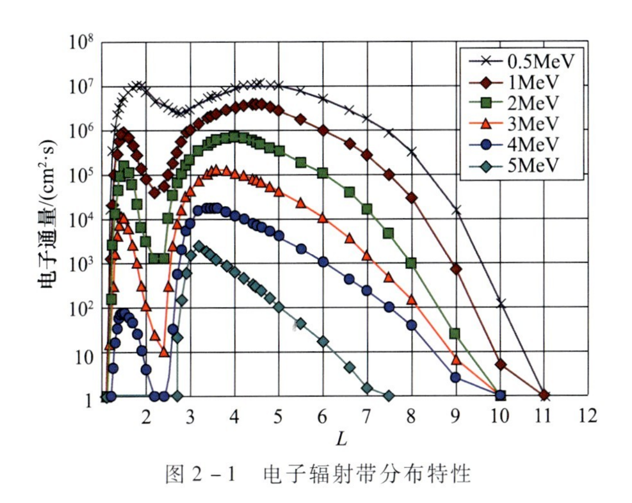

图 2-1　电子辐射带分布特性

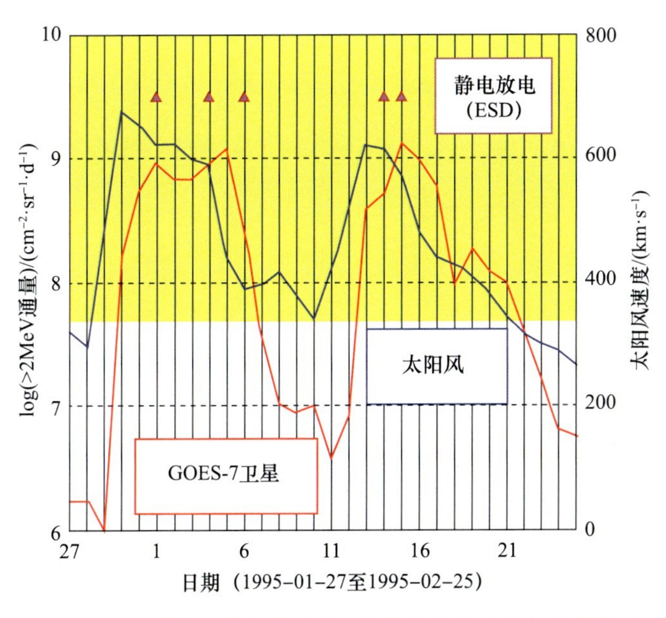

图 2-3　GOES-7 卫星探测的电子通量随太阳风活动的变化曲线(见彩图)

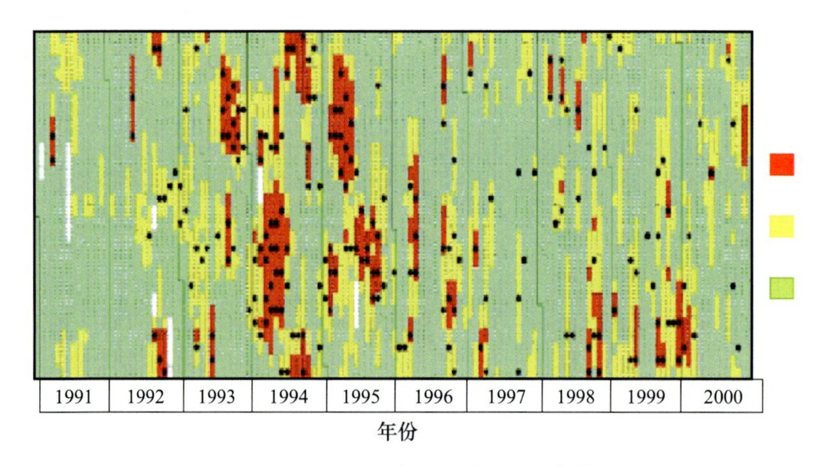

图 2－4　深层充放电事件与太阳活动周期关系

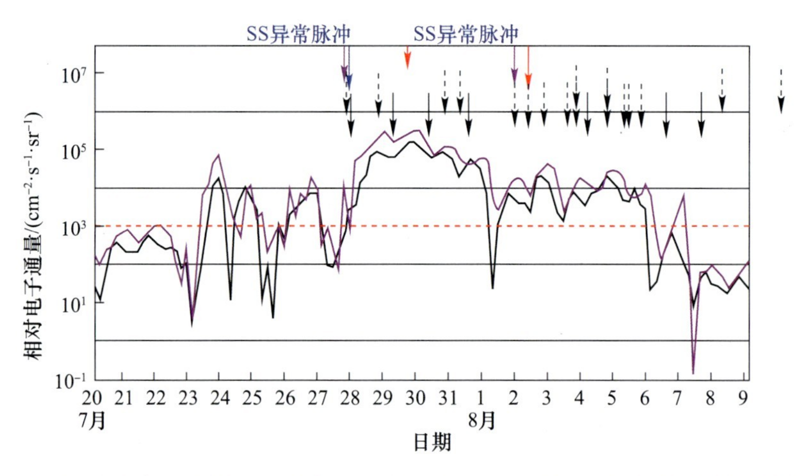

图 3－4　能量高于 2 MeV 的相对电子通量(源于 GOES10 和 GOES12 的测试数据)

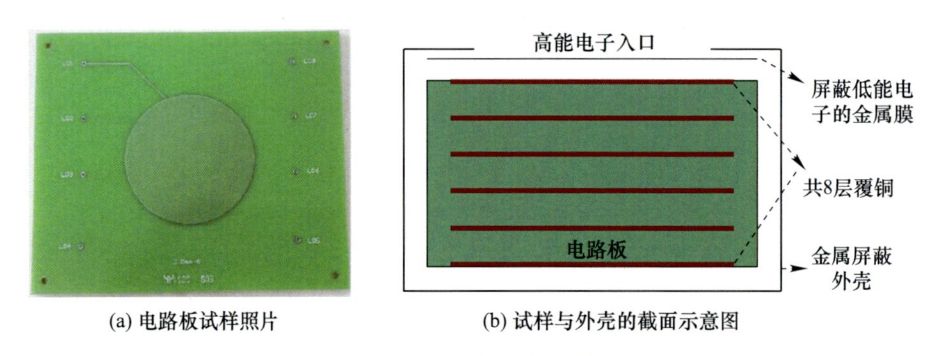

图 4－5　电路板试样与外壳结构示意图

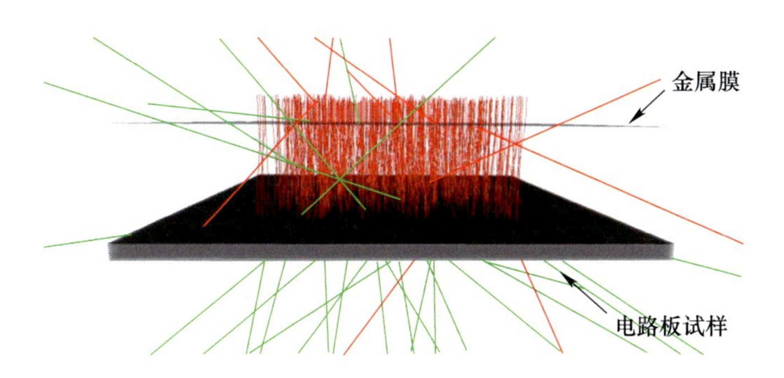

图 4－7　电路板中电荷输运模拟结果

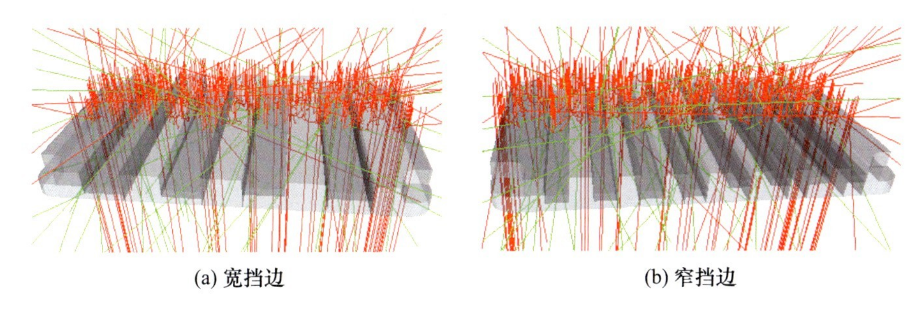

图 4－20　试样电荷输运模拟图示

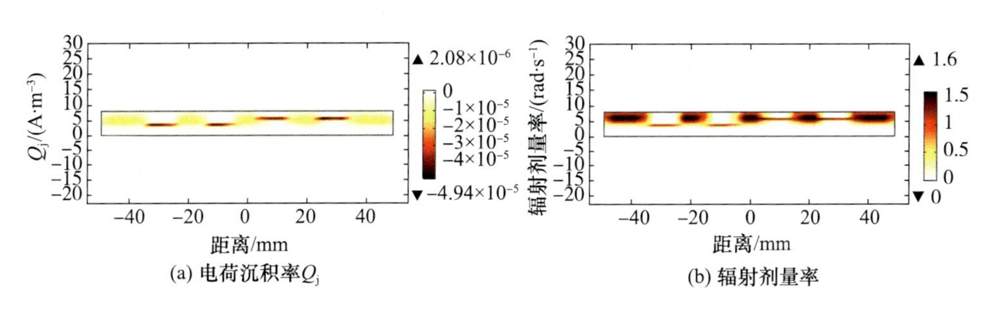

图 4－23　电荷输运模拟结果的切面分布（宽型试样）

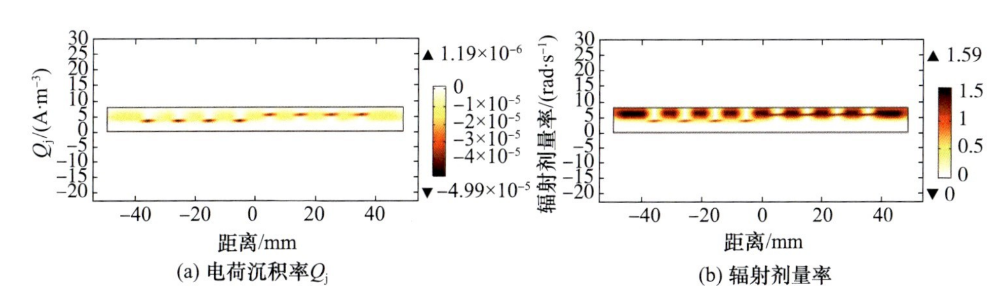

图 4－24　电荷输运模拟结果的切面分布（窄型试样）

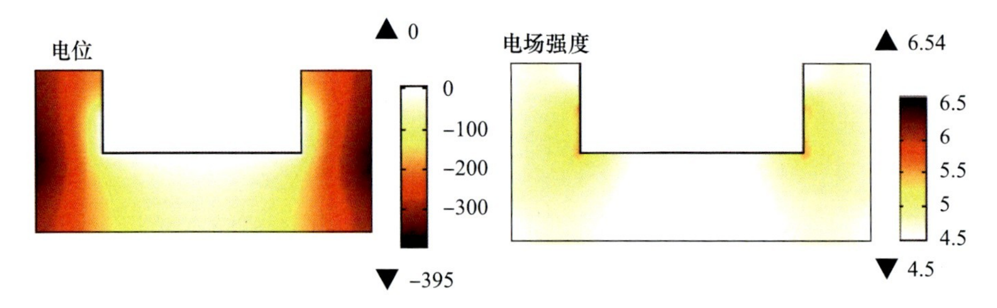

图 4-27 局部介质切面电位与电场强度分布

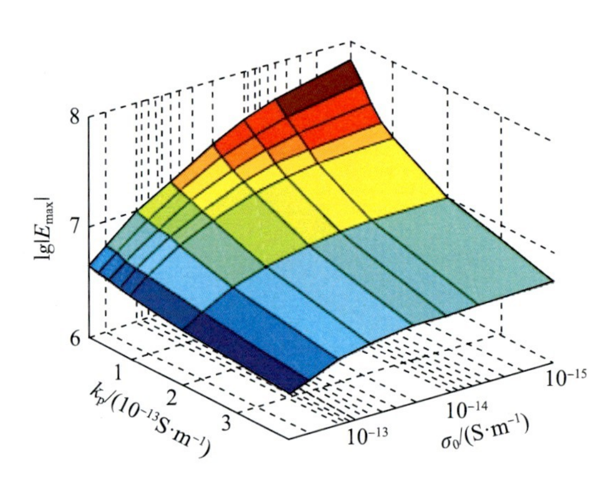

图 4-28 场强峰值随 k_p、σ_0 的变化规律

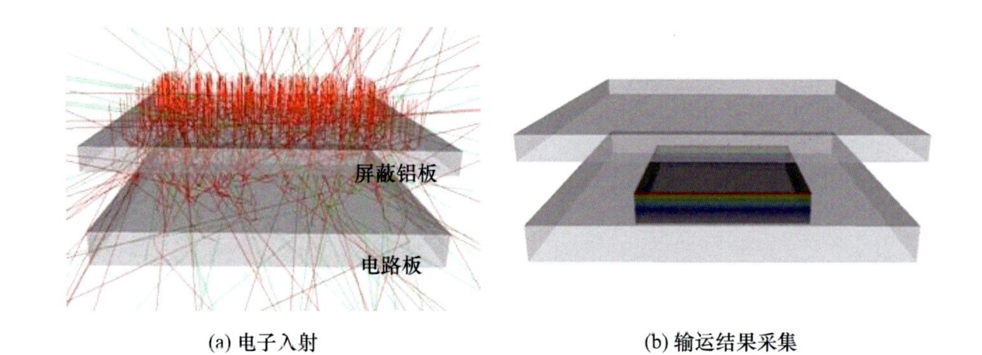

图 5-9 铝板屏蔽下的电路板电荷输运模拟图示

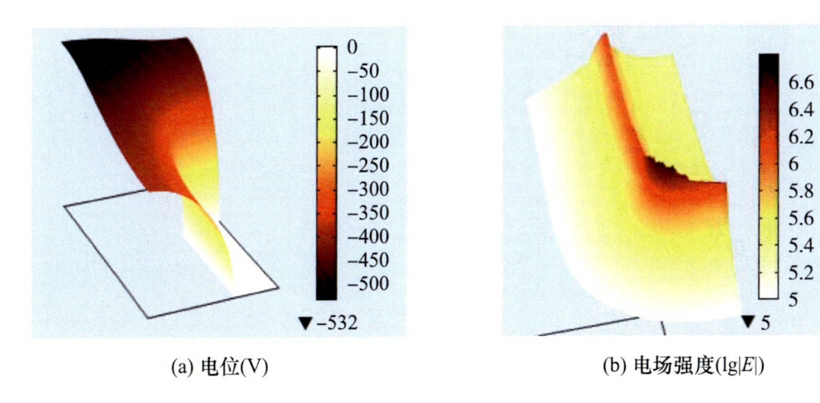

(a) **电位**(V)　　　　(b) **电场强度**(lg|*E*|)

图 5－26　电路板上表面电位与电场强度分布

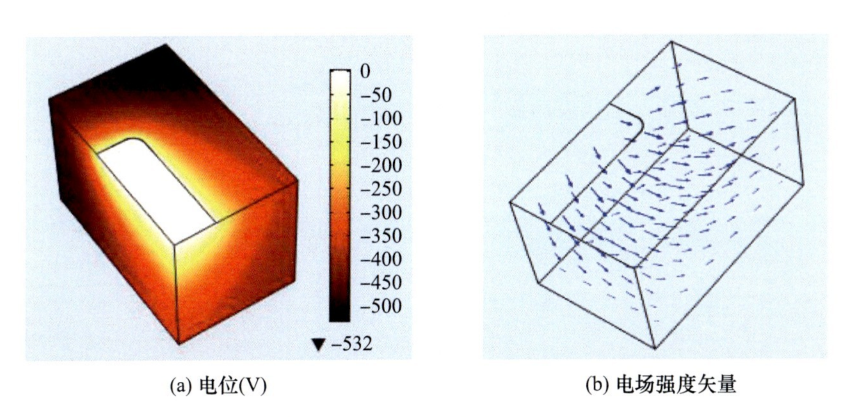

(a) **电位**(V)　　　　(b) **电场强度矢量**

图 5－27　电位和电场的三维分布

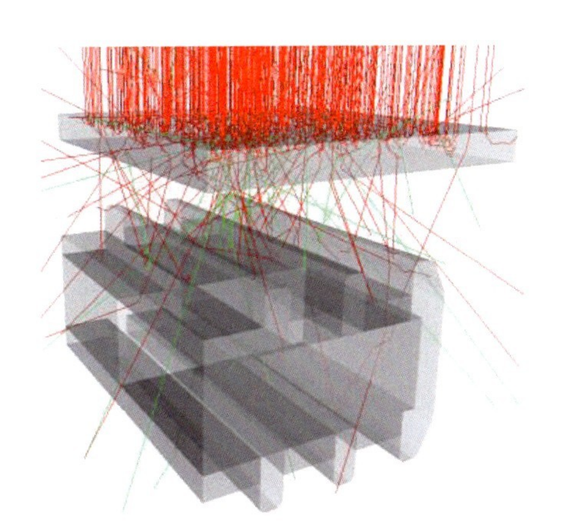

图 5－29　电荷输运模拟

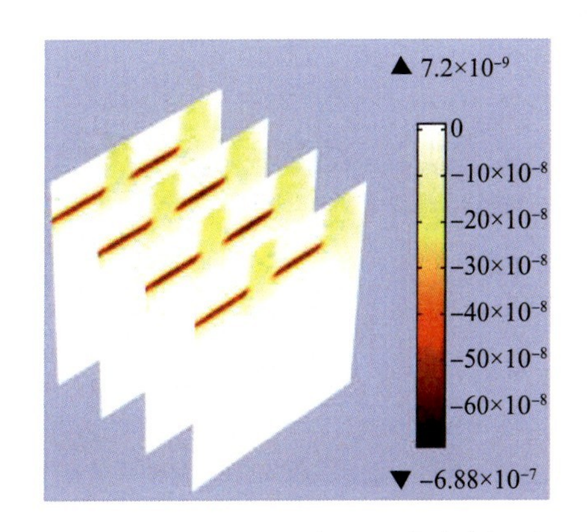

图 5－31　电荷沉积率的三维分布切片

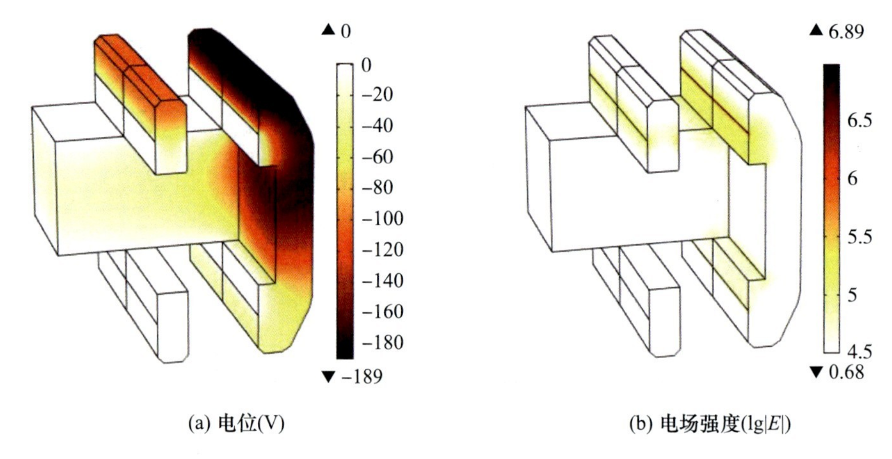

(a) 电位(V)　　(b) 电场强度(lg|E|)

图 5-33　充电结果的三维分布

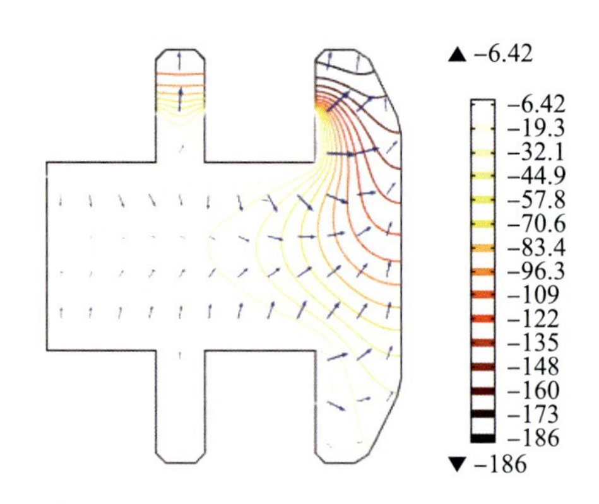

图 5-34　二维截面上的电位(V)与电场矢量分布

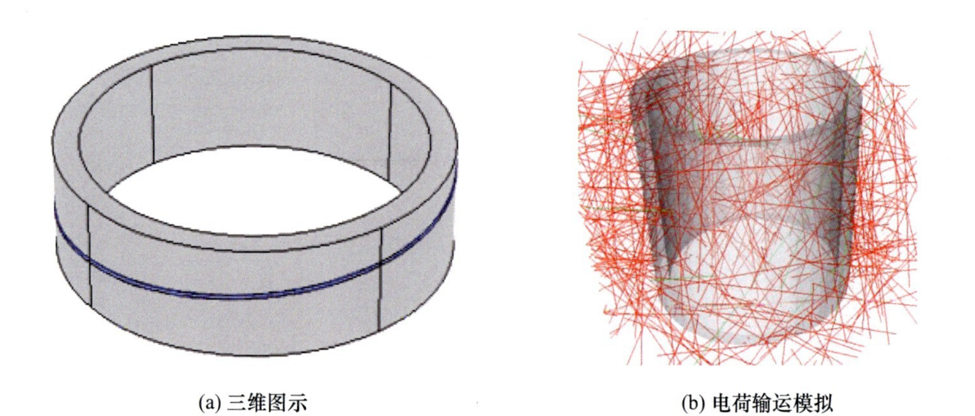

(a) 三维图示　　(b) 电荷输运模拟

图 5-39　天线及其支架模型仿真部分模型

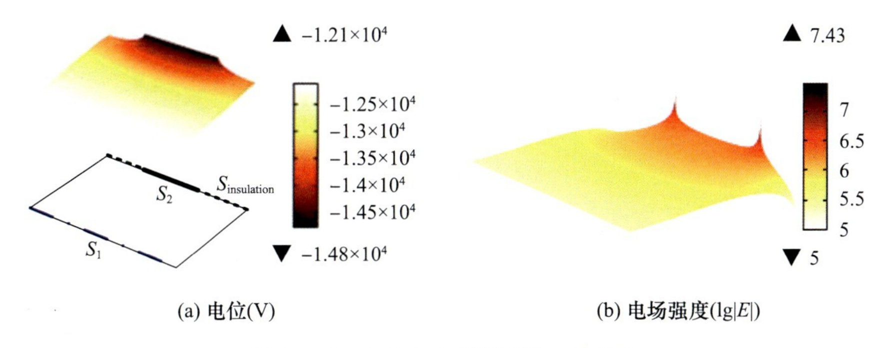

(a) 电位(V)　　(b) 电场强度(lg|E|)

图 7-12　电位与电场强度的二维分布

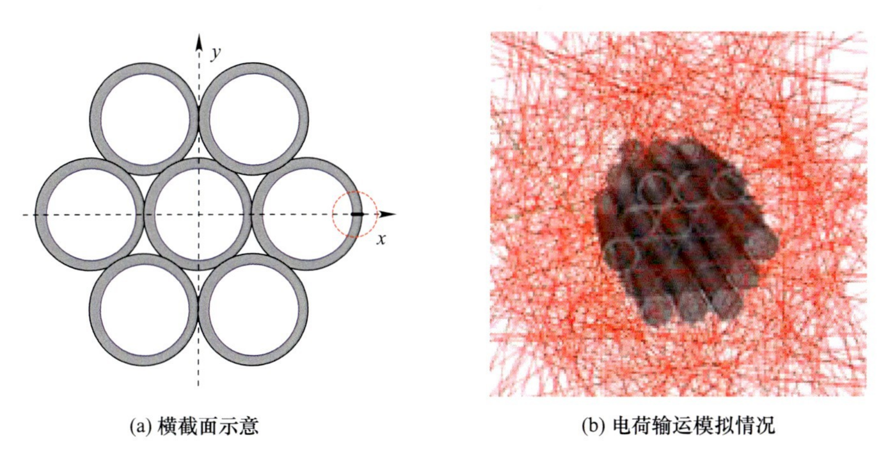

(a) 横截面示意　　(b) 电荷输运模拟情况

图 7-13　电缆束建模

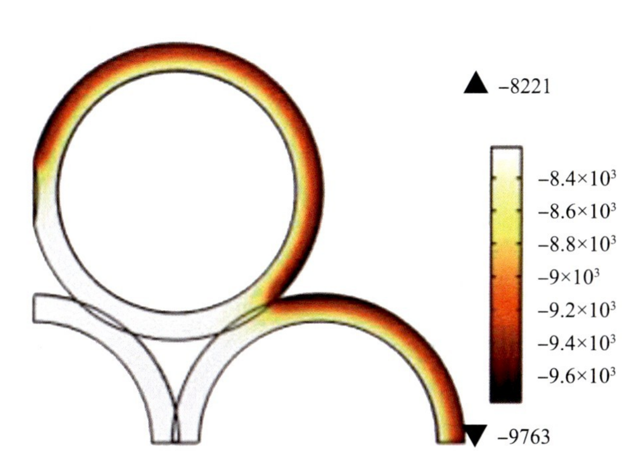

图 7-16　外露电缆束绝缘层平衡电位(V)二维分布

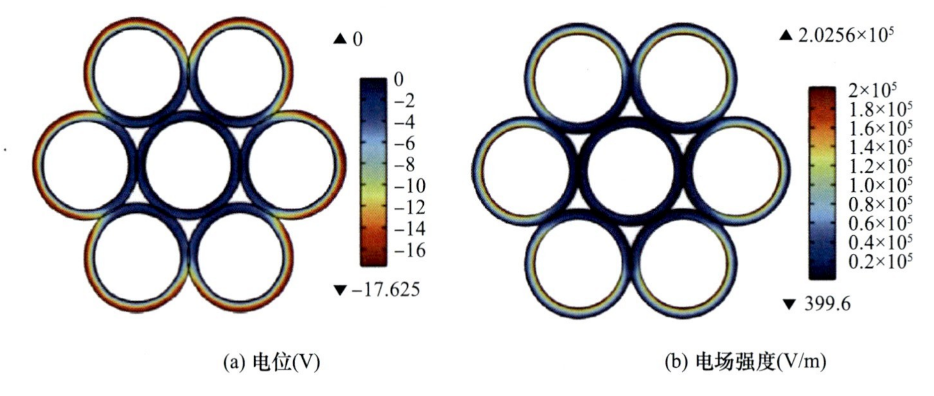

(a) 电位(V)　　(b) 电场强度(V/m)

图 7－18　外露电缆不考虑等离子体作用的充电结果

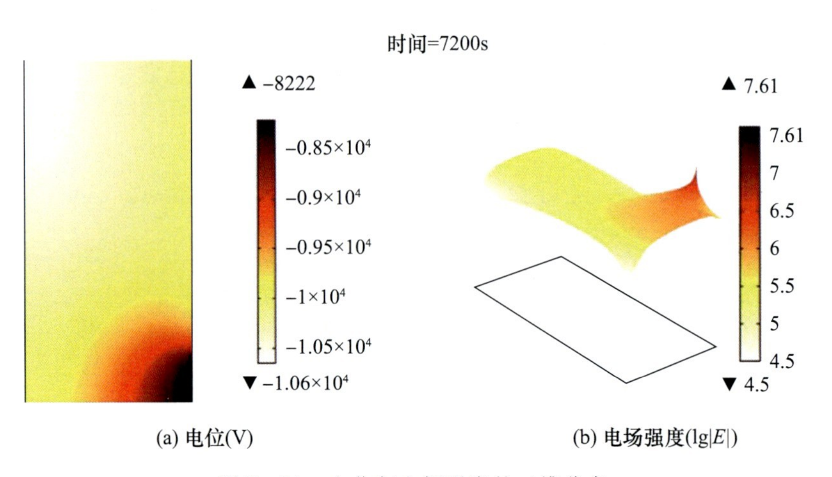

(a) 电位(V)　　(b) 电场强度(lg|E|)

图 7－21　电位与电场强度的二维分布